U0145326

圖解系列

圖解

五南圖書出版公司 印行

資料探勘法

陳耀茂／編著

閱讀文字

理解內容

觀看圖表

圖解讓
資料探勘
更簡單

序言

　　依據資料下決策其重要性從以前即一直有所強調。依據資料的態度是意謂在事前設定假設，再以資料驗證假設是否成立，接著，為了使依據資料的決策具體實現，以往以統計作為理論背景的統計分析扮演著重要的任務。隨著資訊技術的發展，即使是在取得、儲存、加工大量資料甚為容易的時代中，統計分析的有效性，仍是不會改變的。

　　另一方面，因為容易取得大量資料，所以在依據資料的態度上，也引進了新的想法，那就是未建立假設之下分析資料進而發現假設的想法。以實現此想法的方法來說，出現了「資料探勘（data mining）」的方法。資料探勘可以想成是為了從大量的資料發現假設或規則所進行的資料分析的一種過程。由於資料探勘的出現，利用資訊科技可以取得大量資料，從此資料去發現未知的規則或假設的方法，可以說已有所確立。

　　本書是學習資料探勘的入門圖解書，因為是定位在「入門」與「圖解」，所以盡力不出現數學的話題。因此，基本上是採取如果按照所說的手法去分析，即可得出此種結果之說明方式，手法的數學背景幾乎不涉獵。

　　本書是在如下的方針來撰寫。

1. 以例題方式作為基本。
2. 解說資料探勘可以做什麼，如何閱讀結果，如何活用，不說明計算方法與理論上的背景。
3. 可以理解分析方法的觀念。
4. 例題不偏於行銷領域，像製造領域、醫學領域、工程領域等，也從許多的領域中去列舉。

　　由於資料探勘是以大量資料作為對象，因之在說明例題時，將全部資料揭載是做不到的。可是，這又會讓讀者無法一面依循資料一面去理解。因之，例題中列舉的資料量，對資料探勘而言是不適合的少量。然而，這是為了讓讀者理解「想法」所採取的不得已作法。因此，在本書的例題中出現的資料量，並非是實際資料探勘中所採用的資料量，這一點請不要誤解。而且，例題雖然使之接近現

實的例子，但由於減少資料量或將資料本身加以修正，因之例題中所陳述的結論，也並非可以照樣適用於現實的機會中，這一點也請諒解。

本書的構成如下：

第 1 章　何謂資料探勘

第 2 章　檢查資料

第 3 章　資料分類

第 4 章　發現關聯

第 5 章　發現差異

第 6 章　預測分析

第 7 章　文字探勘法

第 8 章　品質管理的應用

本書的執筆是利用資料探勘工具的「Modeler」與統計解析軟體的「SPSS」。關於這些軟體的利用，請參閱下列相關書籍。

*《資料探勘與顧客分析—Modeler 應用》，五南出版。

*《醫護統計與 SPSS 分析方法與應用》，五南出版。

陳耀茂 謹誌於
東海大學企管系

第 4 章　發現關聯

第 5 章　發現差異

第6章　預測分析

第7章　文字探勘法

第8章　品質管理的應用

第1章
何謂資料探勘

1-1 資料探勘的意義與過程(1)

1. 超越過去手法的資料探勘

大數據具有以下的特徵：

- volume（大量）– 以過去的技術無法管理的資料量，資料量的單位可從 TB（terabyte，一兆位元組）到 PB（petabyte，千兆位元組）。
- variety（多樣性）– 企業的銷售、庫存資料；網站的使用者動態、客服中心的通話紀錄；社交媒體上的文字影像等企業資料庫難以儲存的「非結構化資料」。
- velocity（速度）– 資料每分每秒都在更新，技術也能做到即時儲存、處理。

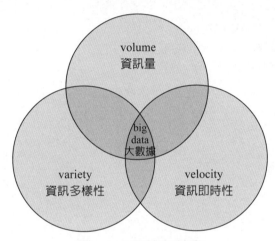

圖 1　大數據的特徵

所謂資料探勘（data mining）是利用模型認知技術與統計的手法處理大數據，發現有意義的新模型及傾向的過程。

本書使用的此定義是重視「發現」此點，不限定於只是假說的檢定。以資料的條件來說，即為資料倉儲或是資料市場等所儲存的大容量資料。又在方法上除統計的方法外，另加上類神經網路等的模型認知。基於此定義所記錄的大容量資料與技巧（模型認知），資料探勘超出過去統計分析的範圍。

更大規模的資料量，甚至紀錄、欄位數也很多，對能適應困難的條件的分析手法寄予關心。並且，在統計的顯著性檢定方向，雖然對資料分配設定強烈的假設，但資料探勘並不受限於此種假定。

對資料探勘的關心在於實用上的結果與改善法。

2. 資料探勘與決策支援系統有何不同

■資料探勘系統：

可提供自動化的資料分析與預測。

■決策支援系統：

依照內定的決策模型或推論規則提供決策上的建議，所使用的決策模型或推論規則可以來自於領域專家（domain expert）的經驗法則，也可以運用知識工程（knowledge engineering）的技術自專家腦中擷取而得。

3. 資料探勘與統計分析有何不同

■統計分析（statistical analysis）：

以假設及驗證為基礎，僅能針對較少量的資料，就其資料之間的關聯性或統計學上不同之標的加以分析。

需要由具專業統計背景的專家針對統計結果加以檢測。

■資料探勘：

以發現為基礎，著重於「樣式辨認」，找出資料中所隱含的具體規則。

供不具專業統計背景的末端使用者（通常是高層決策人員，如經理、總經理或執行長等）據以制定決策。

資料探勘具有其獨特之處。與決策支援系統、統計分析有所不同。

資料探勘主要是針對大量資料的分析，可以用於：

• 檢查資料
• 分類資料
• 發現差異
• 發現關聯
• 預測分析

等等。

除了量性資料外，對於文字資料的分析也是資料探勘的活用範圍。例解中對資料探勘而言是不適合的少量。然而，這是讓為了讀者理解「想法」所採取的不得已作法。例題雖然使之接近現實的例子，但由於減少資料量或將資料本身加以修正，因之例題中所陳述的結論，也並非可以照樣適用於現實的機會中。

1-2 資料探勘的意義與過程(2)

4.資料探勘的目的

資料探勘的目的是為了獲得經營策略以達成經營上的目標，或者為了獲得對問題點的解決對策。因此，對顧客資料或商業資料而言，只是加深抽象式、理論式的理解可以說是不夠的。請一面觀察圖2一面說明吧。

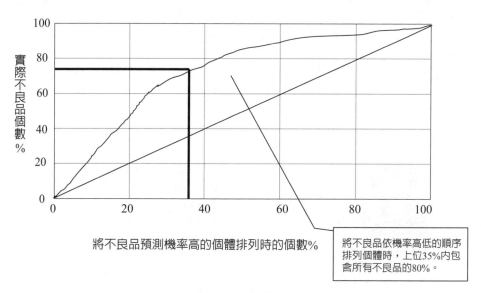

將不良品預測機率高的個體排列時的個數%

將不良品依機率高低的順序排列個體時，上位35%內包含所有不良品的80%。

圖2 收益圖形

上圖是針對所製造的物體是否為不良品的預測模式，評估它的收益圖形。圖形的橫軸是表示利用資料探勘所得到的不良品，按機率的高低順序重排後案例數的比例（％），縱軸是將所有不良品的數目當作分母，以實際的不良品的個數當作分子所表示的比例（％）。參照用的對角線是表示基礎的比例。圖形中的垂線是表示利用資料探勘法將不良品的機率按高低順序排列時，上位35%內包含所有不良品的80%。

在資料探勘中，像這樣製作出從比較小的樣本群可以檢出高比例的不良品的模式時，透過調查它的模式，可以獲得利用什麼即可判別良、不良的資訊。強烈影響模式之要因如可鎖定時，控制這些要因，進而降低不良品發生率等，因之可以達成經營的目的。

5. 處理的問題與運用技術

對企業而言資料探勘的目標，是使一個公司更了解顧客，以增進它在行銷、銷售、顧客服務營運上的表現，察覺無法直接從資料上看得出來的潛在規則或行為模式。從資料庫中發現知識（KDD, knowledge discovery in databases），將隱含的、先前並不知道的、潛在有用的資訊從資料庫中萃取出來。可以在大量資料中，發掘潛藏有用的資訊，以提供決策人員參考。資料探勘的整個過程包括資料選取、前置處理、轉換、資料分析及解釋與評估。

學者 Han[註1] 將資料探勘所處理的問題分為以下幾大類：

(1)特性化與區別（characterization and discrimination）

(2)關聯規則（association rule）

(3)資料分類（classification and prediction）

(4)資料分群（cluster analysis）

(5)離群值分析（outlier analysis）

(6)系統演化分析（evolution analysis）

資料探勘在龐大的數據庫中尋找出其中的知識，並根據企業的問題建立不同的模型，以提供企業進行決策時的參考依據。舉例來說，銀行和信用卡公司可導入具有資料探勘能力的顧客關係管理系統，藉由資料探勘的技術將龐大的顧客資料做篩選、分析、推演及預測，找出哪些是最有貢獻的顧客，哪些是高流失率族群，或是預測一個新的產品或促銷活動可能帶來的反應率，能夠在適當的時間提供適當適合的產品及服務。也就是說，透過資料探勘企業可以了解它的顧客，掌握他們的喜好，滿足他們的需要。此外，資料探勘可用來偵測異常行為的發生，這在偵測網路入侵、信用卡盜刷等方面均有應用。在醫療方面，資料探勘可用來建構知識管理系統，由於診斷過程中有大量的隱性知識，故資料探勘可以協助分析與了解醫師診斷的細節，得到可能的知識與經驗可用於教學與研究。

隨著資料探勘的技術成熟，很多領域都已使用這種技術，在資料探勘發展的早期，要如何有效率且正確的從龐大資料庫中汲取有用的資訊是一個很大的挑戰，但發展至今，備受質疑同時也更需要投入研究的是如何提高獲取資訊的有用性。資料探勘技術導入企業，它的重點不是資料庫本身，而在於以企業領域為主。妥善的運用資料探勘技術，才產生企業的競爭優勢。

6. 資料探勘的定義與內涵

Frawley 等人認為資料探勘是從資料庫中挖掘出不明確、前所未知以及潛在有用的資訊過程。Fayyad 等人認為資料探勘是指由已存在的資料中挖掘出新的事實及發現專家尚且不知的新關係。因此，資料探勘是找出隱藏在資料中的趨勢特徵及相關性的過程。透過資料探勘技術，從巨量的資料庫中，找出不同且有用的資訊與知識支援企

[註1] Jiawei Han and Micheline Kamber, *Data Mining: Concepts and Techniques*, Simon Fraser University, Morgan Kaufmann Publishers, 2001.

業決策分析，將能提升企業的競爭優勢。資料探勘的內涵包括了資料庫系統、知識庫系統、機器學習、統計學、人工智慧、不確定推論等。因此，可以說資料探勘是由這些領域知識中整合出來的定理、演算法或方法。

　　資料探勘是為了要發現出有意義的樣型或規則，而必須從大量資料之中以自動或是半自動的方式來探索和分析資料。故從兩位學者的描述中則可以看出，資料探勘實是處在知識創造過程中最核心的位置。

簡單的說，資料庫知識探索就是自資料庫中萃取出有用知識的一連串程序。資料探勘是資料庫知識探索中，一個能有效率的將資料模式、法則，自資料中找出來的一個程序。

　　資料探勘（data mining），又稱為資料採礦、資料挖掘，也被稱為「在資料庫中發現知識」（knowledge mining from databases）、「知識萃取」（knowledge extraction）、「資料考古學」（data archaeology）、「資料採集」（data dredging）等。

資料探勘常用的技術有哪些？

傳統技術：是以統計分析爲代表，包括統計學中的敘述統計、機率論、迴歸分析、類別資料分析等等。由於資料探勘的對象大多是變數繁多而且筆數龐大的資料，因此可用高等統計學裡所含括的因素分析（factor analysis）來精簡變數、用區隔分析（discriminated analysis）來做分類，以及用集群分析（cluster analysis）來區分資料的群體等等。

改良技術方面：運用了各種人工智慧的方法，例如類神經網路（artificial neural network）、決策樹（decision tree）、基因演算法（genetic algorithms）、規則推論法（rules induction）以及模糊理論（fuzzy logic）等。

1-3 例題說明

■ 讓資料說話

在開始閱讀資料探勘（date mining）的例題之前，請探討以下 3 個例題看看。

〔例題 1-1〕

以下的資料是對 20 位學生，就學生餐廳的菜色進行意見調查，將所得結果加以整理而成者。讓學生在菜單中對喜歡的菜色加上○的記號後，將結果做成以下一覽表，由此資料可以查明什麼，請想想看。

學生	拉麵	蕎麵	烏龍麵	咖哩	日式客飯	洋式客飯
1	○			○		○
2	○			○		○
3	○			○		
4	○			○	○	○
5	○			○		○
6	○	○		○		
7	○		○			○
8		○				○
9		○	○		○	○
10		○	○			○
11		○	○			○
12		○	○			○
13		○	○			○
14					○	○
15						
16					○	○
17			○			
18		○			○	○
19						○
20	○				○	

從此資料知洋式客飯是最受歡迎的。並且發現點拉麵的學生也會點咖哩，點蕎麵的學生，也會點烏龍麵，有此傾向。

〔例題 1-2〕

以下的資料是對前來參觀的人群進行意見調查的結果，這些人日後實際是否會購買公寓，經兩相比照後所整理的資料。由此資料可以查明什麼呢？請考察看看。

顧客號碼	夫 年齡	妻 年齡	小孩有無	實績
1	32	31	無	購買
2	31	29	無	購買
3	35	28	無	購買
4	34	33	無	購買
5	33	35	無	購買
6	32	31	無	購買
7	33	32	無	購買
8	34	29	有	不購買
9	36	28	有	不購買
10	37	36	有	購買
11	41	38	有	購買
12	43	41	有	購買
13	29	28	無	購買
14	27	27	無	購買
15	28	25	無	購買
16	43	34	無	購買
17	45	42	無	購買
18	25	25	無	購買
19	31	30	有	購買
20	32	28	有	購買

可以發現丈夫的年齡在 30 到 35 歲，沒有小孩的夫妻會購買。此處也可以得知妻子的年齡是沒有關係的。

〔例題 1-3〕

　　以下的資料是某電子通訊銷售公司所留下的顧客年間購買記錄。此資料說明 1 年間購買幾次，1 年間購買了多少。由此資料可以查明什麼，請想想看。

顧客號碼	購買次數	購買金額
1	7	35000
2	3	10000
3	5	125000
4	3	32000
5	9	39000
6	2	11000
7	2	119000
8	3	26000
9	25	108000
10	28	132000
11	38	162000
12	29	145000
13	27	147000
14	20	136000
15	31	172000
16	34	169000
17	35	171000
18	32	160000
19	28	14000
20	29	36000

　　如注視購買次數時，知可以分成 10 次未滿的顧客與 20 次以上的顧客。另一方面，如注視購買金額時，知可以分成 40,000 元未滿的顧客與 100,000 元以上的顧客。

　　以上 3 個例題，事實上均是資料探勘中所探討之類型的問題。這些問題要如何以資料探勘來探討，它們的說明會在第 2 章以後展開。

Note

1-4 資料探勘的特徵(1)

那麼,以下談談資料探勘的特徵是什麼。

■ 關鍵語是大量、規則性、發現

何謂資料探勘,是為了從大量的資料發現某種的規則性的一種資料解析的過程。請認定「大量」、「規則性」、「發現」是關鍵語。所謂規則性,譬如,像是超市在假日的銷售業績較高,製造工廠中使用某種原料的日子發生不良品較多的此種事實關係。從大量的資料發現此種事實的過程即為資料探勘。把資料探勘想成從資料庫中發現知識的系統,也可以稱為**資料庫的知識發現**(knowledge discovery in database),簡稱 **KDD**。

如按如此來說明資料探勘時,認為「與以往所進行的資料統計分析並無任何不同,不是嗎?」的人也大有人在。蒐集資料,找出在什麼時候不良品容易發生的此種資料解析,在製造現場是一直在進行的。另外,使用多變量解析等的統計手法,解析有關市場調查的資料,也是一直在進行的。

資料探勘與使用以往的統計手法的資料解析,到底有何不同之處。事實上,相同之處或重複的部分,是有相當多。可是,並不是沒有差異。仍有一些差異的地方,今說明差異的地方。

進行資料探勘,需要大量的資料。「大量」的說法甚為模糊不清,如列舉數字來看時,最少也要有 1000 個資料。當然,並無明確的基準,故之此數字畢竟是一個參考指標。可是,雖然沒有明確的基準,但 20 個左右的資料,必然是不當作對象的。

另一方面,以往的統計解析雖然也有解析大量的資料,但許多時候著眼點是放在以少量的資料提出結論。的確以 20 個左右的實驗資料提出結論,以往的統計解析發揮了威力。亦即,資料探勘與以往的統計解析的最大不同處,可以想成是作為處理對象的資料量吧。

資料探勘的關鍵語是「大量」、「規則性」、「發現」。

資料探勘的目的是發現某種的規則性。規則可以如下表現。
「如得到 A 的現象時,則可得出 B 的結果。」
譬如,
「天氣如果下雨時,店的銷售額就未滿 100 萬元。」
「如將熱處理溫度設在 120℃來製造時,產品即成為不良。」
「戶主如果是 30 歲到 35 歲時,就會購買公寓。」
「如果購買 CD 播放機,也會購買 MD 播放機。」

從大量的資料發現此種規則，即爲資料探勘的目的。因爲是發現，所以此種規則在解析資料之前是不得而知的。

另一方面，以往所進行的統計解析，是爲了驗證由理論、經驗，或者直覺所導出的規則而加以使用。解析資料之前已經是有規則的，不知道的是該規則是否成立。

由以上的事情，可以看出資料探勘與以往的統計解析的第 2 個不同點。爲了發現未知的規則而進行的方法即爲資料探勘法。驗證所設想之規則作爲主要目的而進行的方法即爲以往的統計解析法。

■ 與以往的統計解析雖然不同，但相似之處甚多

實踐資料探勘的手法容後介紹，但許多資料探勘手法也可用於規則的驗證上。另外，以往的統計解析法，也可照樣當作資料探勘的手法來使用。這些事情或許是不易了解資料探勘與以往的統計解析的不同處。

事實上，在以往的統計解析領域中，也有與資料探勘非常相似的資料解析的方法論。那就是被稱爲探索式資料解析（exploratory data analysis；**EDA**）的資料解析法。此如字面所示，從資料以「探索」的方式找出某種的構造與規則性作爲目的的資料解析法，它是由以德基（J.W. Tukey）爲核心的許多人士所開發出來的。其目的說成是與資料探勘相同似乎也行。

但是，它的重點與其說是放在發現規則，不如說是放在發現偏離值或資料的歸納上。可是，將資料探勘的想法緣由，看成是德基等人所提倡的探索式資料解析，也並無太大的錯誤。實際上，此處所推薦的手法，也可活用在資料解析上，具體實例容後介紹。

■ 表演的舞台是想分類、關聯、判別、預測

資料探勘是以發現規則作爲目的來實施的。具體內容可用於以下問題：

(1) 分類
(2) 關聯
(3) 判別
(4) 預測

所謂分類的問題是聚集類似者之後再分成群的問題。依據意見調查的內容結果，將顧客分成幾個群的問題，即爲分類的問題。

所謂關聯的問題是在所測量觀察的項目之間發現關係的問題。購買 A 商品的人，同時也會購買 B 商品，想發現此種關係的問題。也稱爲聯結（link）分析。

所謂判別的問題是從過去的實際資料判別個體所屬的群之問題。從數項血液檢查的結果，判別是否生病或健康（也有稱爲鑑別、識別）之問題，即爲判別問題。分類的問題與判別的問題非常相似，但判別的問題是事前決定想判別的群。相對的，分類的問題是在蒐集資料之前，群並未決定，而是透過解析才清楚分成幾群。

所謂預測的問題是從過去的實績想預測未來之問題。想預測下月的銷售額之問題，即爲預測的問題。

除以上所列舉的 4 個問題外，也有從以文章所表現的資料，列出資料的問題，這與其說是資料探勘的領域，不如說是文字採礦（text mining）的領域。

1-5 資料探勘的特徵(2)

■ 使用何種方法呢？

　　取決於將資料探勘應用在何種問題上，所使用的具體方法論即可決定。將此方法論稱為資料探勘手法。

　　有許多的資料探勘手法，是從資料探勘出現以前在以往的統計解析的領域中即已加以使用的手法。因此，在此後要介紹的資料探勘的手法之中，被認為是「這是統計解析的手法，不是資料探勘的手法，不是嗎？」此類手法也包含在內。如果是有助於達成資料探勘目的手法時，即使是簡單的圖形，也可以想成是資料探勘的手法。以下列出資料探勘中經常加以利用的代表性手法。

A、分類的手法

A-1 集群分析

A-2 主成分分析

A-3 對應分析

A-4 類神經網路

B、關聯的手法

B-1 市場購物籃分析

B-2 時間系列模型分析

B-3 類似時間系列模型分析

B-4 主成分分析

B-5 對應分析

C、判別的手法

C-1 Logistic 迴歸分析

C-2 決策樹（分類樹）

C-3 線性判別函數分析

C-4 類神經網路

D、預測手法

D-1 迴歸分析

D-2 非線性迴歸分析

D-3 決策樹

D-4 類神經網路

E、資料的視覺化與找出偏離值的手法

E-1 直方圖

E-2 盒形圖

E-3 散布圖

E-4 折線圖

對於未學過統計解析的讀者來說，即使列出這些手法的名稱，到底是什麼也全然不

得而知。此處只列出名稱，因之暫且忽略也無大礙。

■ 有何種的工具呢？

為了實踐資料探勘，需要有可以執行前述各手法的軟體。實踐資料探勘的軟體稱為資料探勘工具。資料探勘工具一般而言具備有以下條件的軟體是最理想的。

(1) 可以處理大量資料

(2) 配備有決策樹的手法

(3) 配備有類神經網路的手法

(4) 配備有統計解析（特別是多變量解析）的手法

(5) 配備有製作圖形的機能

(6) 配備有找出偏離值的機能

在具備有這些條件的資料探勘上，以特別的軟體而言有如下的商品：

「**Modeler**」（銷售來源：SPSS）

「**Enterprise Miner**」（銷售來源：SAS）

「**Intelligent Miner**」（銷售來源：IBM）

「**Visual Mining Studio**」（銷售來源：數理系統）

除此處所列出的商品以外，市面上仍有許多資料探勘軟體，不妨上網查閱。

■ 表格計算軟體或統計軟體也能使用，但……

如果沒有前述的資料探勘工具時，是否就不能執行資料探勘呢？事實上也並不然。即使是像 Excel 那樣的表格計算軟體或統計軟體，也可執行資料探勘。但是 Excel 並不適合前述所列舉條件的 (1)、(2)、(3) 項條件，所以能處理的問題即受到限定。

如有良好的統計軟體時，即使未具備專業的資料探勘軟體，幾乎也能達成資料探勘的目的。但是，在所能處理的資料量以及操作的容易性等方面，仍出現有比專用的資料探勘工具略遜一籌的部分。

雖然有此等限制，但是即使是表格計算軟體或統計軟體，對資料探勘而言仍是可行的。

■ 活用的場合不只是行銷

認為資料探勘是行銷工具的大有人在，可是，如果是「想從大量的資料發現規則」時，就不限於行銷了，任何領域均有引進的價值，除行銷外，就眼前所浮現的事例加以列舉看看。

- 銀行或信用卡公司中的授信管理
- 產品不良的原因探求
- 產品的品質預測
- 醫學中疾病要因的探索
- 醫學中計量診斷
- 營業部門中訪問活動的效率化
- 就職支援活動的效率化
- 考試宣傳活動的效率化

- 銷售額的預測
- 顧客的細分化
- 學生的細分化

當然也可以想到其他以外的場合，可以在相當廣的範圍中活用。

■ **最初的準備是資料的準備**

即使有資料探勘工具，但是如果沒有資料也是英雄無用武之地。儘管說「資料有很多」，但是在電腦上並未出現分析的狀態，資料探勘仍無法實踐。爲了能容易實踐資料探勘，需要儲存資料，爲了可以容易取出所需要的資料，所保管的資料稱爲資料倉儲（data warehouse）。

「輸入電腦的資料每次都以手動來執行」時，資料倉儲的話題即使忽略也沒關係。可是在處理大量資料的資料探勘的世界中，以手動輸入資料的場面應該很少，因之資料倉儲的建立，在實施資料探勘上即成爲重要的課題。

■ **資料的種類與用語**

爲了學習資料探勘，談一談事前需要先了解的事項。請看以下的資料表。

顧客名	年齡	性別	購買商品	感想
A	23	女	健康食品	種類豐富
B	32	女	化妝品	因便宜而感到高興
C	41	女	化妝品	種類少
D	29	女	衣服	尺寸不易知道
E	34	男	衣服	品質佳
F	42	男	手錶	送貨慢
G	33	男	手錶	設計差
H	22	女	健康食品	想定期地購買

像年齡那樣的數值所表示的資料稱爲**量資料**，或者稱爲**數值資料**。另一方面，像性別或購買商品以種類所表示的資料稱爲**質資料**，或者稱爲**類別資料**。

寫在感想欄的資料稱爲**語言資料**。因爲是以文字表現，所以也稱爲**文字資料**（text date），性別或購買商品由於也是以文字表現，但不稱爲文字資料，稱爲語言資料（linguistic data）。

Note

1-6 資料探勘的特徵(3)

■ 從各種角度觀察資料的系統：OLAP

雖然不是資料探勘的領域，但受惠於資訊技術的發展，仍有可行的分析系統。此即稱為 **OLAP**（on line analytical process；**線上分析處理**）的系統。這使多元化地觀察資料成為可能。由於想推薦 OLAP 與資料探勘併用的方法，因之此處先行解說。

OLAP 是以各種角度觀察事實，以發現問題點為目的加以使用。要如何活用呢？以某便利商店的營業部門的對話方式來介紹。

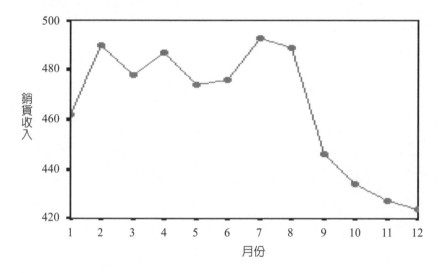

A 先生：「這幾個月，銷貨收入在下滑！」
B 先生：「並不是全體的銷貨收入，讓我看看各店的情形吧！」
A 先生：「情形如下。」

月	台北店	台中店	台南店	高雄店	合計
1	130	138	95	99	462
2	141	137	110	102	490
3	137	143	103	95	478
4	137	147	110	93	487
5	135	139	98	102	474
6	130	141	95	110	476
7	144	141	100	108	493
8	146	143	98	102	489
9	122	119	97	108	446
10	117	111	103	103	434
11	114	106	105	102	427
12	112	101	108	103	424
合計	1565	1566	1222	1227	5580

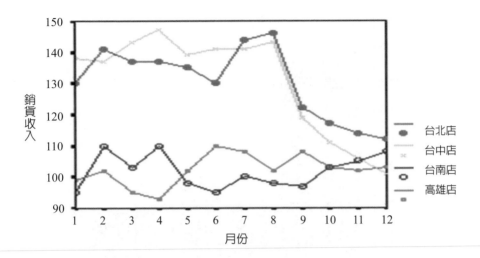

B 先生：「並非所有的店都差，只有台北店與台中店不好呀！」

A 先生：「台北店的便當聽說賣的不錯…」

B 先生：「儘管只有便當好，但其他的商品差是不行的！」
「按商品別來看，情形如何呢？」

A 先生：「情形如下。」
「這是全店的商品銷貨收入。」

商品	銷貨收入
便當類	1572
食品類	1500
點心類	567
飲料類	736
雜貨類	695
其他	510
	5580

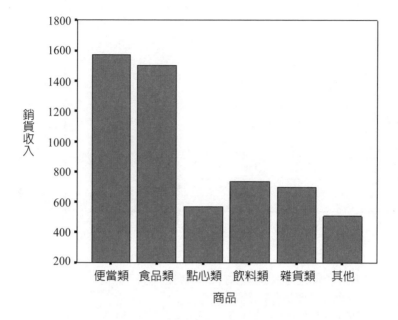

B 先生：「並不是想看全體，而是想看台北店！」

A 先生：「這樣行嗎？」

商品	銷貨收入
便當類	393
食品類	427
點心類	194
飲料類	201
雜貨類	201
其他	149
合計	1565

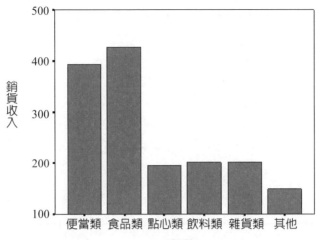

B 先生：「台北店的點心類也賣得不好呀！」

A 先生：「這是台北店銷貨收入不佳的原因吧！」

B 先生：「不，這還不知道。」

「點心類從一月以來也許一直沒有變化。」

「我想看看台北店的商品別銷貨收入各月如何在改變的！」

A 先生：「在這裡。」

月	便當類	食品類	點心類	飲料類	雜貨類	其他	合計
1	41	28	14	25	11	11	130
2	40	32	15	23	18	13	141
3	33	33	18	24	17	12	137
4	29	45	14	22	16	11	137
5	32	35	16	21	17	14	135
6	31	36	14	19	19	11	130
7	33	39	18	23	18	13	144
8	35	38	18	24	16	15	146
9	29	40	17	7	17	12	122
10	29	33	16	6	19	14	117
11	28	36	17	4	17	12	114
12	33	32	17	3	16	11	112
合計	393	427	194	201	201	149	1565

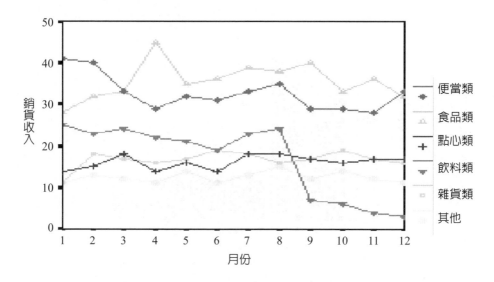

B先生：「台北店從9月以後飲料類的銷售急速下滑！」
A先生：「這是台北店銷貨收入下滑的原因吧。」
B先生：「這樣想或許可以吧！」
　　　　「台中店也同樣讓我看看吧！」
A先生：「情形如下。」

月	便當類	食品類	點心類	飲料類	雜貨類	其他	合計
1	40	35	12	22	12	15	138
2	40	32	14	23	15	13	137
3	41	33	16	24	17	12	143
4	39	45	14	22	16	11	147
5	38	35	13	21	17	15	139
6	39	36	17	19	19	11	141
7	36	39	15	23	15	13	141
8	38	38	12	24	16	15	143
9	11	40	16	23	17	12	119
10	9	33	18	26	13	12	111
11	8	31	16	22	17	12	106
12	6	32	15	21	16	11	101
合計	347	429	176	270	190	152	1566

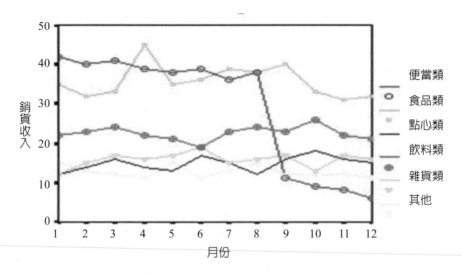

B 先生：「台中店從 9 月以後便當的銷貨收入急速下降呢！」
A 先生：「這是台中店銷貨收入下滑的主因吧！」
B 先生：「台北店與台中店的問題不同，所以可以了解必須要分別去考慮對策。」

　　透過以上的對話，想必可以得知以各種角度去觀察銷貨收入的情形。在會話中出現的累計結果，瞬時即可做成的是 OLAP。

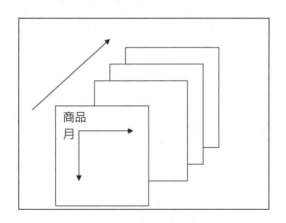

圖 3　OLAP 示意圖

　　以 3 個以上觀點來分析資料稱爲**多次元分析**。OLAP 可以想成是實現多次元分析的工具。

　　在數據管理中有兩個很重要的名詞，很基本但是也是很重要的觀念。就是 OLTP 以及 OLAP 這兩個名詞皆是代表數據管理，其目標以及應用情境完全不一樣，這也包含他們的設計理念是不一樣的。

　　OLAP 通常與 OLTP（線上交易處理）形成對比，OLTP 的特點是查詢的複雜性要小得多，而且查詢量要大得多，以處理事務，而不是用於商業智慧型或報告。OLAP 系統主要針對讀取進行最佳化，而 OLTP 得能處理各種查詢（讀取、插入、更新和刪除）。

資料探勘（data mining），意指利用一個龐大資料庫建立模型（model），並從中找出隱藏的特殊關聯性及特徵。例如：某公司握有自身客戶的資訊（包含：年齡、資產、交易頻率、交易量等），利用此資料庫找出其客戶消費的模式、習慣，並據此將客戶群分類，藉此針對不同客群做出精準行銷，就是所謂的資料探勘。

第2章
檢查資料

2-1 資料的確認

■ 首先確認有無異常的資料

不管目的是什麼，於解析資料時，首先檢查資料是很正常的。所謂資料的檢查，是指確認是否包含有異常大的值或異常小的值。異常偏離之值稱爲偏離值（outlier）。發現偏離值，判斷是否除去稱爲資料的清除（cleaning）或篩選（screening）。

〔例題 2-1〕

以下的資料是某高中生 20 名的考試分數。觀察此 20 個資料，找出偏離值。

65 41 55 38

42 39 46 40

49 49 93 63

55 46 57 64

57 47 62 44

最大值 93 的數據覺得像是異常偏離的值。要發現此種偏離值，以圖形表現資料是非常有幫助的。

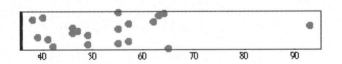

觀察此圖形，果然非常清楚知道 93 是偏離的。

那麼，接著請看以下的數據。

〔例題 2-2〕

此數據是某高中生 20 人的考試分數。首先請觀察 20 個數據，請從中找出有偏離值之資料。

52 75 49 82

87 49 93 69

38 55 41 62

57 71 67 82

78 43 65 60

與剛才的資料一樣最大值是 93。可是，此資料並未有異常偏離之值。

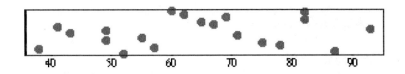

　觀此圖形，知 93 的資料並非偏離值。要發現偏離值，知利用圖形使資料視覺化是很重要的。

　在例題 2-1 中，判斷了 93 的資料是偏離值，但 93 並非最大值，假定 78 是最大值時，此資料可以說是偏離值嗎？

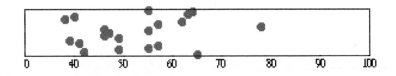

　78 的數值是否是偏離值難以判斷。此種微妙的例子，需要有某種客觀的判斷基準。

首先確認有無異常的資料，此稱為偏離值或稱為離群值（outlier），判斷偏離值常用盒形圖，此為顯示數據分布情況的統計圖。

2-2 判定偏離值(1)

■ 成為是否為偏離值的指標

以統計學的方式判定是否爲偏離值，可以考慮資料的中心位置與變異大小。表示中心位置的有平均值。另外，表示變異大小的有標準差。

就例題 2-1 與例題 2-2 的資料計算平均值與標準差時，可以得到如下的結果。

	平均值	標準差
例題 2-1	53.2	12.8
例題 2-2	63.8	15.9

判定是否是偏離值的一個指標，是計算資料之偏離平均值有多少倍的標準差。其數值如果超過 ±3 時，則判定是偏離值。換言之，資料之值在

  [平均值 ＋ 3 × 標準差]　　以上
或者，
  [平均值 － 3 × 標準差]　　以下

時，可判定爲偏離值。這雖非絕對的基準，但可以當作指標。

■ 容易確認大量數據的直方圖、莖葉圖、盒形圖

資料數在 20 筆左右較少時，可以使用先前所表示的簡單圖形即可發現偏離值，但是當資料數變多時，以下的圖形比較有幫助。
  (1) 直方圖
  (2) 莖葉圖
  (3) 盒形圖

表　年收入調查（單位：萬元）

417	412	448	572	398	175	417	523
332	624	454	587	492	707	799	665
397	990	584	420	661	487	605	521
354	493	466	501	543	498	464	438
398	400	552	273	381	551	584	388
354	358	430	503	485	497	536	397
429	591	477	488	582	253	650	440
311	524	653	396	420	491	466	385
255	609	669	690	520	532	505	402
326	920	335	354	543	355	530	345
302	413	634	307	588	567	491	775
378	490	471	688	617	467	549	354
377	634	400	398	557	525	428	591
170	442	357	541	436	623	553	575
276	568	674	309	456	460	445	409
460	219	525	469	329	394	438	645
360	247	489	404	595	487	415	565
432	743	630	296	510	513	440	425
282	529	393	559	701	673	510	448
503	321	502	588	426	606	469	472
461	524	417	343	307	488	568	446
582	627	554	450	327	502	368	629
537	462	594	421	322	433	428	523
930	482	470	552	481	476	504	391
369	577	484	644	557	394	333	336

2-3 判定偏離值(2)

以下使用前述所表示的資料來介紹這些是何種圖形。

資料是調查了 200 人的年收入，單位是萬元。

資料數據是 200 筆，絕不能說是大量的資料，但是即使是此種程度的資料數目，只是觀察資料，想必可以知道發現偏離值是非常不容易的。試使用剛剛介紹的圖形來表現此資料看看。

(1)直方圖

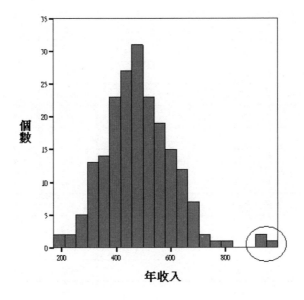

直方圖是將資料分成適當的區間，將各區間的資料數（個數）作為縱軸的棒型圖。本例可知右端似乎有偏離值。

(2) 莖葉圖

```
年收入 Stem-and-Leaf Plot

 Frequency    Stem &  Leaf

     2.00       1 .  77
     2.00       2 .  14
     6.00       2 .  557789
    16.00       3 .  0000122222333344
    25.00       3 .  5555555666778889999999999
    32.00       4 .  00000111111222222223333334444444
    34.00       4 .  5556666666666777778888888889999999
    27.00       5 .  000000011122222222233334444
    26.00       5 .  55555555666677788888889999
    13.00       6 .  0001222233344
     9.00       6 .  556667789
     3.00       7 .  004
     1.00       7 .  7
     4.00 Extremes    (>=799)

 Stem width:      100
 Each leaf:     1 case(s)
```

　　莖葉圖是將直方圖橫向來看，可提供與直方圖相同的資訊。莖是以百萬元計，葉是以 10 萬元計，譬如

　2 | 14

表示 210 萬元計的資料有 1 個，240 萬之計的資料有 1 個。

　　(3) 盒形圖

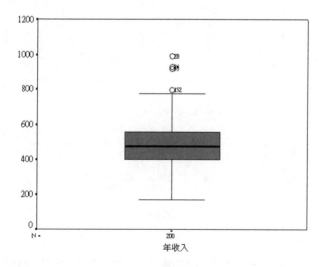

　　盒形圖是以箱子的高度來表現包含所有資料的 50% 之範圍。盒子的中央粗線是表示中央值（將所有資料分為上位 50%，下位 50% 之值）。從盒子畫出的線即為鬚，此鬚的長度表示變異的大小。在鬚的前端所表示的小白球，意指偏離值。由本例知，有 4 個資料是偏離值。

2-4 判定偏離值(3)

■ 資料有2種時，以散布圖確認

此處介紹了當測量值的種類只有 1 種時的偏離值的發現方法。如果是像體重與身高有 2 種時，要如何發現偏離值才好呢？試考察此問題看看。

〔例題 2-3〕

以下的資料是 30 人的年齡與收入。觀察此 30 組的資料，試找出偏離值。

No.	年齡	年收入	No.	年齡	年收入
1	29	443	16	25	327
2	38	520	17	22	390
3	34	542	18	22	353
4	40	596	19	32	456
5	33	405	20	30	489
6	21	339	21	24	420
7	43	690	22	44	720
8	20	333	23	39	575
9	24	338	24	39	456
10	36	499	25	33	567
11	23	670	26	21	303
12	49	720	27	22	252
13	24	440	28	25	466
14	31	503	29	25	418
15	31	424	30	38	463

（註）年收入的單位是萬元。

最初進行的是分別觀察年齡與年收入的資料。

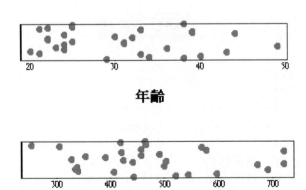

年齡

年收入

只限於觀察圖形，異常偏離之值似乎不存在。可是，只有此作業即認為確認偏離值即結束是不對的，有需要觀察年齡與年收入兩者的關係。

假定年齡愈高，年收入也愈多有如此的關係時，那麼不服從此種關係的資料即為偏離值，譬如，像是年齡輕而年收入甚多的人。請再一次，以此種觀點觀察資料看看。

似乎發覺第 11 位的年收入異常地高。要能夠有此種發現，圖形仍然是需要的。觀察關係最合適的圖形即為散布圖。以散布圖表現剛才的資料時，即成為如下。

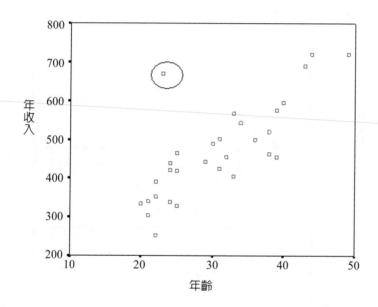

年齡 23 歲而年收入 670 萬元的資料，得知與其他的資料相隔甚遠。

像這樣，將兩個測量值之間的關係視覺化，散布圖是非常有效的圖形，對發現偏離值非常有幫助。

畫在散布圖上的點形成由左往上的關係稱為正的相關關係，形成由左往下的關係稱為負的相關關係。觀此散布圖時，知年齡與年收入有正向的相關關係。

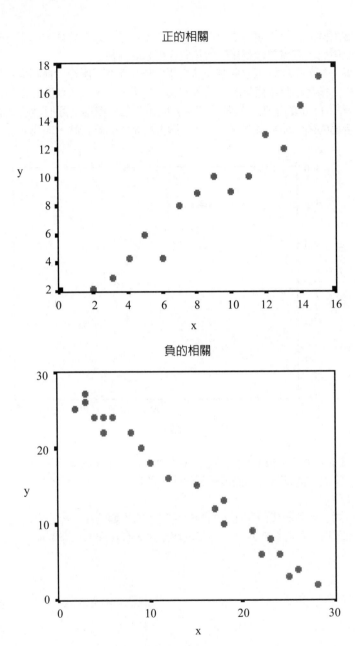

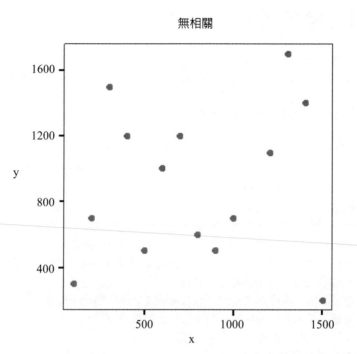

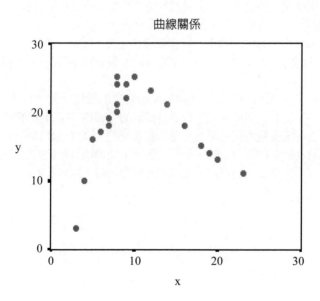

2-5 判定偏離值(4)

■ 偏離值可以捨去嗎？

如偏離值存在時，要決定如何處理該偏離值。偏離值有可能會扭曲解釋結果，除去偏離值後再解析是比較好的，但只要有偏離值就立刻從解析的對象中除去的態度是不對的。儘管是在除去偏離值的狀態下發現規則，卻變成了只適用該資料的規則而已。可是，將偏離值仍然包含在內時，甚至有可能無法發現規則。

以偏離值的處置方式來說，首先要從探索偏離值的原因開始。然後，去了解偏離值的原因是資料本身的異常（測量失誤或輸入失誤）或是資料的背景有異常（與非偏離值的資料顯然不同，後面會詳細說明），查明之後再除去偏離值。原因不明時，不除去偏離值仍就進行解析，此即為原則。

可是，實際上探索偏離值之原因，有時並不容易。它是處理「大量的」資料，這正是資料探勘的特徵。以前所說明的例子是資料量少，偏離值也是 1~2 個的此種話題，因之尋找原因的作業並不算什麼。可是，在有幾萬筆資料之中也可能存在有許多的偏離值，一個一個地去尋找這些原因並不容易。

因此，以違反原則的現實方法來說，包含偏離值之情形與除去偏離值之情形分別解析看看。如果結果並無甚大差異時，則採用包含偏離值情形的結果，如果有甚大不同時，在確切刪除了偏離值之後，再去運用規則。

■ 蒐集資料的紀錄可指出偏離值的原因

以偏離值的原因來說，如先前所述有資料的背景異常。這是指偏離值與其他的資料（非偏離值）顯然不同之情形。以下說明有哪些情形。

今假定蒐集了 500 位小學生的體重。檢查偏離值之後，極端大的資料假定發現了 3 個。試著調查此原因時，當 3 人均為高中生時，此 3 個資料顯然是不同性質的。此種情形即屬於「異常的資料」。

像這樣要特別指出偏離值的原因，必須要保留資料的履歷。只存有體重的資料，原因的判明也是不可能的。因此，並不只是當作目的的資料，保留該資料的履歷（何時、何處、誰、從何人蒐集的資料呢？）是非常重要的。事實上此種資料的履歷，以資料來說，如包含在解析的對象中時，利用資料探勘能發現偏離值的情形也有。以剛才的例子來說，高中生有 3 人的話題，如採行資料探勘時，即可簡單判明。

■ 偏離值是金蛋

曾說明過偏離值有扭曲解析結果的可能性。偏離值在統計解析上的確是麻煩者。可是，在企業活動或研究活動中也不一定是麻煩者。不但不是麻煩者，反而有可能成為企業的金蛋。

譬如，以某家便利商店為例解析每日的銷售資料。其中有銷售異常良好的日子。在統計解析上，雖然不想包含此種資料，但此原因如查明時，有可能發現提高銷售的手段。

研究所的實驗資料也可相提並論。雖開發了強度高的產品，卻難以順利進行。此時，當作出現強度異常高的產品。當解析此種資料時，認為「這是偏離值」而讓它不了了之時，雖然特意地開發出強度高的產品，卻忽略了偏離值為何會發生。

在解析資料上，儘管有可能忽略偏離值，但不可忽略資料本身的存在。常見到只醉心於統計解析的人，但考察此資料為何是如此的人似乎很少。不斟酌資料，只是使用電腦去發現規則是不行的，此事請勿忘記才好。

在解析資料上，儘管有忽略偏離值的情況，但不可忽略資料本身的存在。

Note

第3章
資料分類

3-1 何謂分類

■ 分類與分層有何不同

正如「區分才能分曉」一般，以區分來想、以區分來看事情的方法，牽連新發現的時候甚多。資料的看法也是相同，區分是解析的第一步。區分資料時，有兩種方法，也就是分層（stratification）與分類（classification）。

今假定人的身高資料有 1000 人份。將此 1000 人份的資料區分成男與女，20 歲未滿與 20 歲以上，或者按地域別區分，即為分層。如果是區分成男與女時，此區分成男性層與女性層，此種情形是以性別來分層的一種說法。分層是將資料（身高）與其他不同資料的資訊（性別）予以區分。

相對的，將 1000 人的身高分成高的人與低的人，此情形不稱為分層。此即為分類。在資料探勘的世界裡，將分類稱為集群（clustering）。

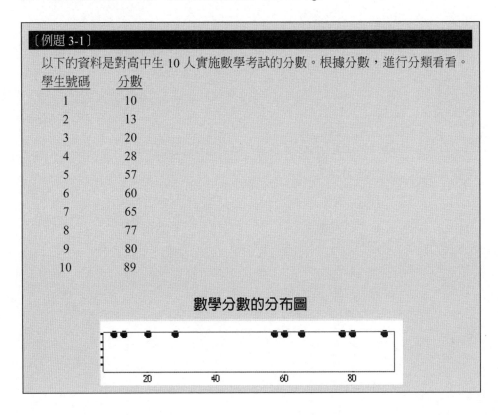

〔例題 3-1〕

以下的資料是對高中生 10 人實施數學考試的分數。根據分數，進行分類看看。

學生號碼	分數
1	10
2	13
3	20
4	28
5	57
6	60
7	65
8	77
9	80
10	89

數學分數的分布圖

　　圖形上所記載的資料，如大略掌握時，可分為 2 群，如仔細掌握時，可分為 3 群。分類的目的如果是分成數學拿手的學生與數學不拿手的學生兩組來授課時，似乎可以分為（1, 2, 3, 4）與（5, 6, 7, 8, 9, 10）。如將此單純地各分為 5 人時，第 5 位同學就要接受過於簡單且無聊的授課了。

分類是指根據已知的資料及其類別屬性來建立資料的分類模型；分群顧名思義就是將一堆的資料做出一群一群的拆解，而在一群一群的組裡面，組內的差異小，組間的差異大。

3-2 如何分類(1)

■ **要分成幾組呢？**

　以統計的方式進行此種集群的手法稱為集群分析（clustering analysis）。在集群分析中將組（group）稱為群（cluster）。集群分析可大略分為兩種。一是事前決定分成幾群再進行的情形，以及，像例題 3-1 觀察數據之後，再決定群數的情形。事前未決定群數的集群分析稱為階層型分類法。另一方面，事前決定之後再進行的集群分析稱為 K- 平均法（K-mean 法）。

　那麼介紹實施集群分析時，可得出何種的結果。首先，從利用階層型分類法進行集群分析的結果來觀察。階層型分類法是製作如下被稱為 Dendogram 的分類樹形圖後，再進行分群。分數相接近的學生原則上位於相近。橫線的長度是表示群間的遠近（距離）。

樹形圖

此樹形圖是依據如下稱為距離矩陣的資料所製作的。

學生	1	2	3	4	5	6	7	8	9	10
1	0	9	100	324	2209	2500	3025	4489	4900	6241
2	9	0	49	225	1936	2209	2704	4096	4489	5776
3	100	49	0	64	1369	1600	2025	3249	3600	4761
4	324	225	64	0	841	1024	1369	2401	2704	3721
5	2209	1936	1369	841	0	9	64	400	529	1024
6	2500	2209	1600	1024	9	0	25	289	400	576
7	3025	2704	2025	1369	64	25	0	144	225	576
8	4489	4096	3249	2401	400	289	144	0	9	144
9	4900	4489	3600	2704	529	400	225	9	0	81
10	6241	5776	4761	3721	1024	841	576	144	81	0

　　此矩陣是表示學生間的距離。學生 1 與學生 1 是本人之間，所以距離是 0。學生 1 與學生 2 的距離是 9。如由此表尋找誰與誰的距離是最近時，可以發現（1 與 2）、（5 與 6）、（8 與 9）的距離最短。因此，這些學生首先即被連結。重複此種作業，即可做出樹形圖。

　　利用此樹形圖，考察要分成幾個群。譬如，如下加入一條縱線。

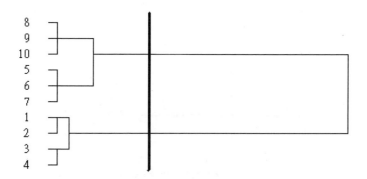

　　與縱線相交的橫線有 2 條，此即分成 2 群。從橫線的左側，即可掌握各群所屬的學生。本例第 1 群是（5, 6, 7, 8,9, 10）；第 2 群是（1, 2, 3, 4）。

　　那麼，如果像以下那樣加入縱線時，情形又成為如何呢？

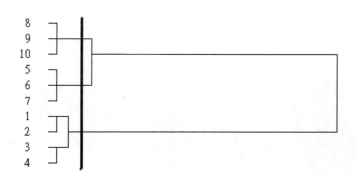

　　與縱線相交的橫線有 3 條，此即分成 3 群。第 1 群是（8, 9, 10）；第 2 群是（5, 6, 7）；第 3 群是（1, 2, 3, 4）。

其次，介紹利用K-平均法進行集群分析的結果。以分成3個群之前提來實施看看。

集群成員

觀察值號碼	集群	距離
1	1	7.750
2	1	4.750
3	1	2.250
4	1	10.250
5	2	3.667
6	2	.667
7	2	4.333
8	3	5.000
9	3	2.000
10	3	7.000

最後集群中心點

	集群		
	1	2	3
分數	18	61	82

「最後集群中心點」的數值是各群的平均值。「集群成員」的距離是指離各集群中心點的距離。從這些結果，在考慮3群下，顯示可分成（1, 2, 3, 4）、（5, 6, 7）、（8, 9, 10）。

K-means 分群，其實就有點像是以前學數學時，找重心的概念。
計算各組的集群中心（常用平均值）。

Note

3-3 如何分類(2)

〔例題 3-2〕

　以下的資料是對高中生 30 人所實施的數學與英文的考試分數。請根據分數，分類看看。

學生號碼	數學	英文	學生號碼	數學	英文	學生號碼	數學	英文
1	62	55	11	69	64	21	51	71
2	90	50	12	70	63	22	51	64
3	63	57	13	68	58	23	53	66
4	71	61	14	88	79	24	54	72
5	64	59	15	48	65	25	55	69
6	68	59	16	49	65	26	85	80
7	69	56	17	49	61	27	56	68
8	70	60	18	49	63	28	83	77
9	71	62	19	49	65	29	59	73
10	72	61	20	51	63	30	65	62

　例題 3-1 中，變數是數學 1 項，例題 3-2 中，則有數學與英文 2 個變數。像此種情形，並非個別使用數學與英語來分類，而是同時觀察雙方來分類。

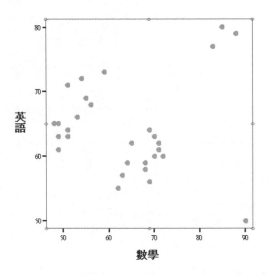

觀察散布圖時，似乎可以分成 4 群。附帶一提，1 人也可以計數成 1 個群。

那麼，試以集群分析來分類看看。爲了有助於解釋集群分析的結果，也顯示記上學生號碼的散布圖。

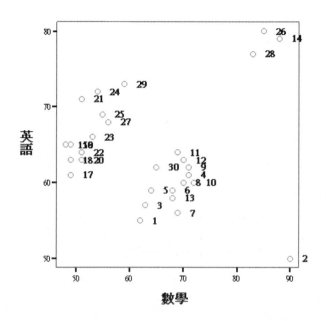

從此散布圖知，顯示分成（2）、（26, 28, 14）、（17, 18, 20, ...）、（1, 3, 5, 7, ...）等 4 群。

進行集群分析，並製作樹形圖看看。

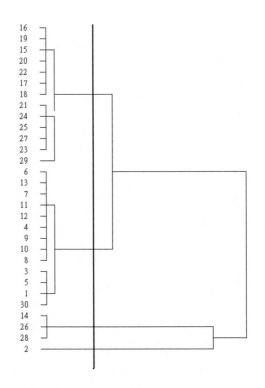

如分成 4 群時，情形如下。

第 1 群：16, 19, 15, 20, 22, 17, 18, 21, 24, 25, 27, 23, 29
　　　　（號碼順序：15, 16, 17, 18, 19, 20, 21, 22, 23, 24, 25, 27, 29）

第 2 群：6, 13, 7, 11, 12, 4, 9, 10, 8, 3, 5, 1, 30
　　　　（號碼順序：1, 3, 4, 5, 6, 7, 8, 9, 10, 11, 12, 13, 30）

第 3 群：14, 26, 28

第 4 群：2

從結果知，利用集群分析所分群的結果與散布圖所分群的結果是吻合的。

其次，表示利用 K- 平均法實施集群分析的結果。以分成 4 個群為前提來實施看看。

最後集群中心點

	集群			
	1	2	3	4
數學	52	90	85	68
英語	67	50	79	60

集群成員

觀察值號碼	集群	距離
1	4	7.496
2	2	.000
3	4	5.544
4	4	3.414
5	4	3.908
6	4	.709
7	4	3.868
8	4	2.176
9	4	3.908
10	4	4.165
11	4	4.460
12	4	3.947
13	4	1.699
14	3	2.687
15	1	4.142
16	1	3.235
17	1	6.227
18	1	4.541
19	1	3.235
20	1	3.638
21	1	4.541
22	1	2.676
23	1	1.273
24	1	5.871
25	1	4.001
26	3	1.374
27	1	4.403
28	3	2.867
29	1	9.640
30	4	3.664

將群的號碼計入到散布圖時，即成爲如下。

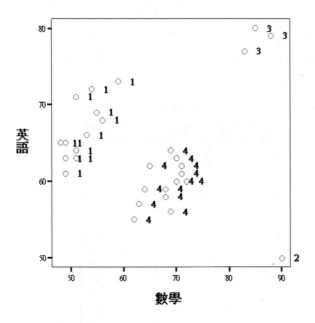

此資料如分成 5 群時，情形會成爲如何呢？

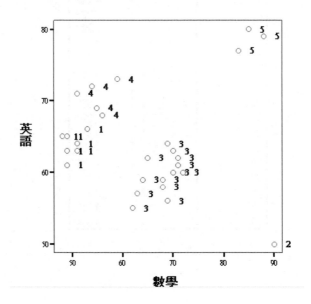

知第 1 群似乎可以再分成 2 群的樣子。

Note

_____

_____

_____

_____

_____

_____

_____

_____

_____

_____

_____

_____

_____

_____

_____

_____

_____

3-4 如何分類(3)

■ 變數有3個以上時的分類法

至目前為止談到了有關變數個數只有 1 個或 2 個時的集群分析。以下要談的是變數的個數有 3 個以上的情形。變數個數如果在 2 個以內時，利用散布圖等的圖形，即可以視覺的方式掌握群的存在，但是如果達到 3 個以上時，無法以圖形來掌握。因此，在集群分析之後，會形成何種的群呢？有需要好好斟酌一番。

〔例題 3-3〕

以下的資料是以全國規模對雜貨店所展開的調查資料。各店均由專家與顧客代表評估 6 個項目，以 100 分為滿分所換算出來的分數。評估的店數有 30 家。評估的項目內容如下。

- 有打招呼嗎？　　　　　　　　　（X1）
- 店員之間竊竊私語嗎？　　　　　（X2）
- 店員適時向顧客問好嗎？　　　　（X3）
- 店內保持清潔嗎？　　　　　　　（X4）
- 商品配置得容易看嗎？　　　　　（X5）
- 商品經常有所補充嗎？　　　　　（X6）

	店號	x1	x2	x3	x4	x5	x6
1	1	75	73	77	89	88	83
2	2	79	77	80	82	77	75
3	3	77	77	79	81	82	83
4	4	76	76	72	82	79	75
5	5	79	76	77	78	81	85
6	6	79	75	67	55	53	61
7	7	78	73	77	57	64	57
8	8	76	72	76	54	53	55
9	9	56	68	67	56	57	57
10	10	79	75	73	57	60	64
11	11	67	67	71	60	56	59
12	12	76	67	64	43	42	52
13	13	65	59	63	53	53	52
14	14	64	59	62	59	57	61
15	15	57	52	61	53	50	45
16	16	52	52	51	73	78	81
17	17	62	59	57	76	78	63
18	18	54	60	51	67	78	80
19	19	47	54	58	57	64	60
20	20	56	53	52	59	60	61
21	21	56	52	54	69	81	79
22	22	51	53	59	59	56	70
23	23	50	50	49	72	75	69
24	24	63	65	65	72	75	72
25	25	54	51	55	80	80	73
26	26	37	40	39	42	41	40
27	27	32	36	36	32	32	34
28	28	39	43	44	40	39	37
29	29	38	40	36	37	35	35
30	30	42	38	36	37	36	33
31							

根據上記 6 項所評分的結果，試將 30 家店鋪分成幾個群看看。

　　雖然是使用 6 個變數進行集群分析，但在此之前，先按店別計算 6 個分數的合計值，使用其值，實施集群分析看看。與其一開始就執行複雜的事項不如先掌握整體的大略情形。

　　而且，此處要注意的是，並不推薦經常要嘗試此種合計值的計算作業。此例題由於合計值有意義（可以認為是表現總合性所觀察的「好壞」），因之首先以合計值執行看看。加算在很多時候是無意義的。

　　按各店鋪將所計算合計值之結果表示成表。將合計值以由小而大的順序重新排列。

	店號	x1	x2	x3	x4	x5	x6	合計
1	27	32	36	36	32	32	34	202
2	29	38	40	36	37	35	35	221
3	30	42	38	36	37	36	33	222
4	26	37	40	39	42	41	40	239
5	28	39	43	44	40	39	37	242
6	15	57	52	61	53	50	45	318
7	19	47	54	58	57	64	60	340
8	20	56	53	52	59	60	61	341
9	12	76	67	64	43	42	52	344
10	13	65	59	63	53	53	52	345
11	22	51	53	59	59	56	70	348
12	9	56	68	67	56	57	57	361
13	14	64	59	62	59	57	61	362
14	23	50	50	49	72	75	69	365
15	11	67	67	71	60	56	59	380
16	8	76	72	76	54	53	55	386
17	16	52	52	51	73	78	81	387
18	6	79	75	67	55	53	61	390
19	18	54	60	51	67	78	80	390
20	21	56	52	54	69	81	79	391
21	25	54	51	55	80	80	73	393
22	17	62	59	57	76	78	63	395
23	7	78	73	77	57	64	57	406
24	10	79	75	73	57	60	64	408
25	24	63	65	65	72	75	72	412
26	4	76	76	72	82	79	75	460
27	2	79	77	80	82	77	75	470
28	5	79	76	77	78	81	85	476
29	3	77	77	79	81	82	83	479
30	1	75	73	77	89	88	83	485
31								

　　試將合計值做成圖形使之能以視覺的方式來掌握。如觀察所做成的如下圖形時，似乎可以分成 3 群。合計值愈大的店，可以想成是好的店，因之即使分成好店、普通店、壞店來想也是可以的。

進行集群分析，並製作樹形圖看看。

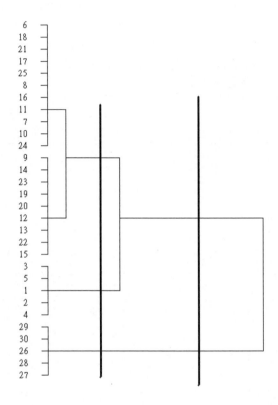

分成 2 個或 3 個群來想似乎可行。如分成 2 群時，就變成評分低的店及評分不低的店。（註：請不要判斷成 3 與 15、4 與 29 相似）。

集群分析是一種精簡資料的方法，依據樣本之間的共同屬性，將比較相似的樣本聚集在一起，形成集群（cluster）。通常以距離作爲分類的依據，相對距離愈近，相似程度愈高，分群之後可以使得群內差異小、群間差異大。

接著，不使用合計值，而是使用 6 個變數執行集群分析看看。

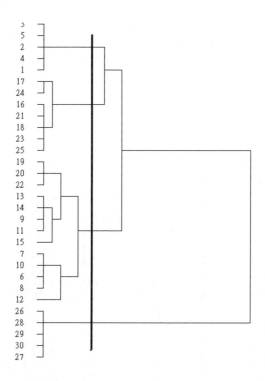

店鋪的排列順序與合計值時有所不同，因之難以比較，但大略來看結果是一致的。但此處出現可以分成 4 個群的看法。

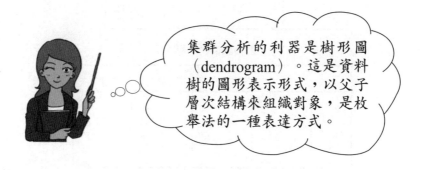

集群分析的利器是樹形圖（dendrogram）。這是資料樹的圖形表示形式，以父子層次結構來組織對象，是枚舉法的一種表達方式。

其次，利用 K- 平均法實施集群分析看看。集群數以分成 4 群的前提來實施。

集群成員

觀察值號碼	店號	集群	距離
1	1	1	10.375
2	2	1	7.761
3	3	1	3.955
4	4	1	7.710
5	5	1	6.771
6	6	4	13.454
7	7	4	16.847
8	8	4	11.603
9	9	4	14.107
10	10	4	16.560
11	11	4	7.309
12	12	4	19.189
13	13	4	11.446
14	14	4	13.260
15	15	4	24.055
16	16	3	13.672
17	17	3	15.017
18	18	3	12.646
19	19	3	19.604
20	20	3	18.871
21	21	3	12.317
22	22	3	19.807
23	23	3	10.194
24	24	3	17.115
25	25	3	14.530
26	26	2	7.597
27	27	2	10.174
28	28	2	7.843
29	29	2	2.987
30	30	2	5.892

最後集群中心點

	集群			
	1	2	3	4
X1	77	38	55	70
X2	76	39	55	67
X3	77	38	55	68
X4	82	38	68	55
X5	81	37	73	55
X6	80	36	71	56

此處請看「最後集群中心點」。第 1 群從 X1 到 X6 的平均值是從 77 變成 80，知不管從哪一評估來看均比其他的群高。因此，屬於此群的店可以稱爲優良店鋪。

　　另一方面，第 2 群由 X1 到 X6 的平均值是從 38 變成 36，知不管從哪一評估來看均比其他群低。因此，屬於此群的店鋪，即為不良店鋪。

　　最感興趣的是第 3 群與第 4 群的不同。第 3 群從 X1 到 X3 的平均值在 55 左右略低。從 X4 到 X6 的平均值是 70 左右略高，相對的，第 4 群從 X1 到 X3 的平均值接近 68，從 X4 到 X6 的平均值在 55 左右，呈現相反的傾向。

　　此處根據評價項目來看時，

　　X1 = 有打招呼嗎？

　　X2 = 店員之間有竊竊私語嗎？

　　X3 = 店員適時向顧客問好嗎？

　　X4 = 店內保持清潔嗎？

　　X5 = 商品配置得容易看嗎？

　　X6 = 商品經常補充嗎？

　　X1 到 X3 可以說是有關店員待客態度的評價，X4 到 X6 是有關店內機能的評價。因此，可以想成第 3 群在待客態度上是有改善餘地的店鋪，第 4 群在商品處理等的機能面上是有改善餘地的店鋪。

3-5 如何分類(4)

■ 也可分類評價項目

例題 3-3 是在分類店鋪的目的下實施集群分析，但也可以在分類變數（評價項目）的目的下使用。

雖然先前是把 X1 到 X3 當作待客態度，X4 到 X6 當作機能來區分，但這是以內容來區分，並非根據資料來區分。如實施集群分析時，哪一變數與哪一變數被測量、評價出相同的事項呢？即可依據資料來掌握。

那麼，針對例題 3-3，以變數的分類為目的下實施集群分析看看。

知可以分成（X4, X5, X6）與（X1, X2, X3）的 2 個群。像這樣，集群分析不光是個體（人與物），也可分類變數。

■ 分類是為了制定對策

想必已經理解了利用集群分析，可以將商品或人員加以分類。但是，重要的事情是「區分之後要怎麼辦？」如果無法回答此問題時，就無分類的意義。「可以像這樣分類，因之……」的「……」如果答不出來時，即使執行集群分析也無意義。如例題 3-3 所見的那樣，分類店鋪，掌握各店鋪的優勢與弱勢，再按店鋪別實施教育，因之能活用分類結果是非常重要的。

■ 以階層型分類法決定分類的群數

在資料探勘中，階層型分類法的集群分析是預備性地加以使用，主角才是 K- 平均法。因為，實際上是處理大量資料的緣故。請想像資料數有 1000 筆的情形。在樹形圖中末端的枝數即有 1000 枝。如此一來是不可能讀取資訊的。

那麼，階層型分類法真的完全沒有幫助嗎？事實不然。K- 平均法雖然需要事前決定群數，但是事前具有可以決定的資訊是很少的。即使沒有事前的資訊，但如果是 2 個變數以內時，製作圖形後，也能以視覺的方式來決定，但 3 個變數以上時，無法使用圖形的手段。

因此，在此種時候，從大量的資料之中，隨機選出少數個資料，使用該資料以階層型分類法製作樹形圖。利用樹形圖檢討分類的群數之後，再使用 K- 平均法。

當然，資料的量有所不同，以階層型分類法所考慮的群數，無法保證可以套用在大量的資料上。可是，它可以成為決定要分成幾個群的指標。

集群分析除以上之外也有稱為 Kohonen 網路的方法。如使用此方法時，即可製作

出稱爲自我組織化圖，即可以視覺的方式掌握群。在群數事前不明時是非常方便的手段。此手段由於不列入一般的統計軟體中，因之在資料探勘中需要有專用的工具。

■ 相似與否以什麼來測量

集群分析雖然是聚集相似樣本的手法，是否相似是以距離來判定。談到距離，並非拿著尺去衡量。而是以數學的方式定義，再計算距離。距離的計算方法，已提出有許多的方法，取決於使用哪一種距離，解析結果即有所不同。並且，如何定義群間的距離，解析結果也有所不同。譬如，請看以下的圖形。

數學的分數的分布圖

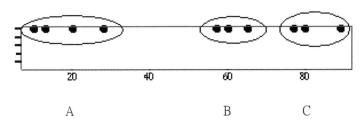

A　　　　　　　　　　　B　　　C

要如何決定 A、B、C 3 個群之間的距離，似乎很簡單，然而事實上是相當不易的問題。譬如，是將 A 的平均值與 B 的平均值之差定義成 A 與 B 的距離嗎？或是將 A 中最右端的資料與 B 中最左端的資料之距離定義成 A 與 B 的距離呢？關於此決定方式，已提出許多的想法。距離的決定方式不同，解析結果也有所不同。不妨先調查一下自己的統計軟體或資料探勘工具是採取何種距離的決定方式，以及如何計算距離的。

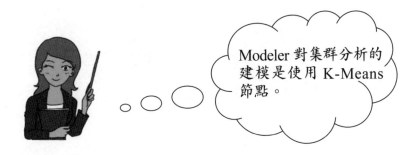

Modeler 對集群分析的建模是使用 K-Means 節點。

Note

第4章
發現關聯

4-1 關聯的定義(1)

■ 關聯是什麼

〔例題 4-1〕

以下的數據是在超商記錄什麼物品被購買。O 表示被購買的物品。

顧客	果汁	茶葉	蔬菜	肉類	牛乳	養樂多
P1	O	O				
P2	O	O				
P3	O	O				
P4	O	O				
P5	O	O		O		
P6	O	O		O		
P7	O	O	O	O		
P8			O	O		
P9		O	O	O		
P10			O	O		
P11			O	O		
P12			O	O		
P13			O	O		
P14			O	O		
P15			O	O		
P16			O	O		
P17			O	O		
P18			O	O		
P19			O	O		
P20			O	O		
P21			O		O	
P22				O		
P23				O		
P24			O	O	O	
P25					O	
P26					O	O
P27					O	O
P28					O	O
P29					O	O
P30					O	O

從此資料可以說出什麼事項呢？請想想看。

與統計相關性的差異，在於關聯規則更重視的是關聯性。

■ 什麼東西可以同時被購買呢？

相關性

		果汁	茶葉	蔬菜	肉類	牛乳	養樂多
果汁	皮爾森 (Pearson) 相關性	1	.915**	-.432*	-.269	-.333	-.247
	顯著性（雙尾）		.000	.017	.158	.072	.189
	N	30	30	30	29	30	30
茶葉	皮爾森 (Pearson) 相關性	.915**	1	-.342	-.201	-.364*	-.270
	顯著性（雙尾）	.000		.064	.295	.048	.150
	N	30	30	30	29	30	30
蔬菜	皮爾森 (Pearson) 相關性	-.432*	-.342	1	.659**	-.342	-.478**
	顯著性（雙尾）	.017	.064		.000	.064	.008
	N	30	30	30	29	30	30
肉類	皮爾森 (Pearson) 相關性	-.269	-.201	.659**	1	-.608**	-.551**
	顯著性（雙尾）	.158	.295	.000		.000	.002
	N	29	29	29	29	29	29
牛乳	皮爾森 (Pearson) 相關性	-.333	-.364*	-.342	-.608**	1	.742**
	顯著性（雙尾）	.072	.048	.064	.000		.000
	N	30	30	30	29	30	30
養樂多	皮爾森 (Pearson) 相關性	-.247	-.270	-.478**	-.551**	.742**	1
	顯著性（雙尾）	.189	.150	.008	.002	.000	
	N	30	30	30	29	30	30

**. 相關性在 0.01 層級上顯著（雙尾）。

*. 相關性在 0.05 層級上顯著（雙尾）。

　　可以知道蔬菜與肉類很暢銷。可是，不只是如此。可以知道同時購買蔬菜與肉類的人有很多。同樣，也可以判斷出果汁與茶葉，牛乳與養樂多也有同時被購買的傾向。什麼東西最暢銷的資訊當然是很重要的，而發現什麼東西是同時被購買的，也是不能忽略的傾向。那麼，試以相同的觀點考慮以下的例題看看。

可以知道蔬菜與肉類很暢銷。可是，不只是如此。可以知道同時購買蔬菜與肉類的人有很多。

4-2 關聯的定義(2)

〔例題 4-2〕

顧客	果汁	牛乳	蔬菜	養樂多	茶葉	肉類
Q1		O	O			
Q2			O			O
Q3		O		O		
Q4			O			O
Q5	O					
Q6			O			O
Q7			O		O	O
Q8			O			O
Q9	O				O	
Q10			O			O
Q11		O		O		
Q12		O	O			O
Q13			O			
Q14	O				O	
Q15						O
Q16			O			O
Q17						O
Q18	O				O	
Q19	O				O	
Q20	O		O		O	
Q21			O			O
Q22	O				O	O
Q23			O			O
Q24		O		O		
Q25			O			O
Q26			O			O
Q27				O		
Q28			O			O
Q29		O		O		

那麼，這一次您發現有何種傾向呢？

與最初的例題相比，此例題不易發現傾向。事實上，例題 4-1 的資料與例題 4-2 的資料是完全相同的。只是將行（商品）的排法與列（顧客）的排列方式更換而已。因此，所得到的資訊完全相同，肉類與蔬菜、果汁與茶葉、牛奶與養樂多均同時被購買。

像例題 4-1，數據排列整齊的話，資訊就會越容易被發現，然而實際的資訊是像例題 4-2 那樣雜亂無章的。因此，需要有能從此種雜亂無章的資料發現傾向的方法。

數據排列整理，較容易發現關聯性，然而實際的資訊大多是雜亂無章的，因此，需要有發現資料傾向的方法。

4-3 資料重排

■ 重排資料使之容易觀察

為了能從雜亂無章的資料中發現同時有反應者,資料的重排是非常有效的。

今假定有以下的表。

號碼	X	Y	Z	W
1	O		O	
2		O		O
3		O		O
4	O		O	
5	O	O		

將此表的 O 排列在對角線上,像那樣重排行與列。

號碼	W	Y	X	Z
2	O	O		
3	O	O		
5		O	O	
1			O	O
4			O	O

像這樣重排時,即可發現 W 與 Y,X 與 Z 是同時被購買的。此表的排列是儘可能使 O 由上向下斜向的配置。

重排後的表,對顧客的分群(grouping)也有幫助。2 與 3,1 與 4 分別是以相同的組合購買商品。換言之,可以知道是同一組。

那麼,雖然很想將例題 4-2 重排看看,但事實上進行此作業相當麻煩。實際的資料甚至行數或列數都很多。因此,使用可實現此種想法的統計手法,以電腦進行重排,以下介紹此方法。

■ 以對應分析找出相似者

以資料的準備來說,將已購入者當作 1,未購入者當作 0,予以輸入。將例題 4-2 的表改寫成 0 與 1 的表。

01 資料表

No	果汁	牛奶	蔬菜	養樂多	茶葉	肉類
1	0	1	1	0	0	0
2	0	0	1	0	0	1
3	0	1	0	1	0	0
4	0	0	1	0	0	1
5	1	0	0	0	0	0
6	0	0	1	0	0	1
7	0	0	1	0	1	1
8	0	0	1	0	0	1
9	1	0	0	0	1	0
10	0	0	1	0	0	1
11	0	1	0	1	0	0
12	0	1	1	0	0	1
13	0	0	1	0	0	1
14	1	0	0	0	1	0
15	0	0	0	0	0	1
16	0	0	1	0	0	1
17	0	0	0	0	0	1
18	1	0	0	0	1	0
19	1	0	0	0	1	0
20	1	0	1	0	1	0
21	0	0	1	0	0	1
22	1	0	0	0	1	1
23	0	0	1	0	0	1
24	0	1	0	1	0	0
25	0	0	1	0	0	1
26	0	0	1	0	0	1
27	0	0	0	1	0	0
28	0	0	1	0	0	1
29	0	1	0	1	0	0

　　將此資料使用稱之為**對應分析**（correspondence analysis）的手法來解析時，可做成如下的表。

重排之後的 01 資料表

養樂多	牛奶	蔬菜	肉類	茶葉	果汁
1	0	0	0	0	0
1	1	0	0	0	0
1	1	0	0	0	0
1	1	0	0	0	0
1	1	0	0	0	0
0	1	1	0	0	0
0	1	1	1	0	0
0	0	1	1	0	0
0	0	1	1	0	0
0	0	1	1	0	0
0	0	1	1	0	0
0	0	1	1	0	0
0	0	1	1	0	0
0	0	1	1	0	0
0	0	1	1	0	0
0	0	1	1	0	0
0	0	1	1	0	0
0	0	1	1	0	0
0	0	1	1	0	0
0	0	1	1	1	0
0	0	0	0	1	1
0	0	1	1	1	1
0	0	0	0	1	1
0	0	0	0	1	1
0	0	0	0	1	1
0	0	0	0	1	1
0	0	0	0	0	1

　　像這樣加以重排，就可以很容易判斷資料，可是，行與列的數目增加，資料的量變多時，即使想整齊地加以重排，由表讀取資料也是不容易的。因此，考慮以圖來表現商品的關係或顧客的相似度。對應分析的手法，與其說製作上述的表，不如說製作此種圖形才是本來的目的。實施對應分析時，可以製作如下的圖形。

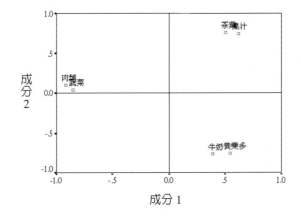

此圖形的做成，似乎是相似者之間，亦即，有許多同時被購買的商品之間位於近處，而甚少同時被購買的商品之間位於遠處。並且，在原點（0,0）的附近，布置著許多的1。

對應分析是在01資料表的列（顧客）與行（商品）中，分配著稱為分數（score）的數值。此分數的分配在01資料表中，儘可能使1斜向地排列。1維度的分數大多無法完全呈現原來的資料。因此，按2維度或3維度去增加維度數來考察分數。但訴諸於視覺作為目的的情形有很多。因此以2維度甚至3維度的分數來考察是一般的作法。

實施對應分析，以視覺的方式容易發現什麼物品是被同時購買的，什麼物品是賣得較多的，想必已有所了解。附帶一提，對應分析與其說是資料探勘的手法，不如說是在解析意見調查的資料上經常加以使用的統計手法。不僅是本例的01資料表，對於交叉累積表或資料表的解析而言，對應分析都是很有效的。

4-4 關聯的強度

■ 以相關係數測量關聯的強度

此次試著考察以數值表現同時被購買的方法。先前的 01 資料中，如注視蔬菜與肉類 2 行時，縱向觀察資料，發現有相同的傾向。如果動向相同時，即為商品同時被購買，或者同時不被購買。因之動向的一致程度的數值化，在觀察何者商品被同時購買是有幫助的。

此時所使用的是相關係數。相關係數是以數值在 2 種資料間評估關係的強度，其值在 -1 與 1 之間。動向完全一致是 1，完全不一致是 -1，如全無關係時，即為 0。

試以下例觀察看看。

高麗菜	萵苣	紅蘿蔔	番茄	青椒
1	1	1	0	0
1	1	1	0	1
1	1	0	0	0
0	0	0	1	1
0	0	0	1	0
0	0	0	1	1

高麗菜與萵苣的 0 與 1，類型完全一致。番茄與高麗菜與萵苣的類型則完全相反。紅蘿蔔與高麗菜及萵苣相類似，但並不是完全相同的類型。青椒與任一商品組合來看，也看不出傾向。在此種況狀下計算相關係數表時，可得何種結果呢？試觀察看看。

相關

		高麗菜	萵苣	紅蘿蔔	番茄	青椒
高麗菜	Pearson 相關	1.000	1.000**	.707	-1.000**	-.333
	顯著性 (雙尾)	.	.000	.116	.000	.519
	個數	6	6	6	6	6
萵苣	Pearson 相關	1.000**	1.000	.707	-1.000**	-.333
	顯著性 (雙尾)	.000	.	.116	.000	.519
	個數	6	6	6	6	6
紅蘿蔔	Pearson 相關	.707	.707	1.000	-.707	.000
	顯著性 (雙尾)	.116	.116	.	.116	1.000
	個數	6	6	6	6	6
番茄	Pearson 相關	-1.000**	-1.000**	-.707	1.000	.333
	顯著性 (雙尾)	.000	.000	.116	.	.519
	個數	6	6	6	6	6
青椒	Pearson 相關	-.333	-.333	.000	.333	1.000
	顯著性 (雙尾)	.519	.519	1.000	.519	.
	個數	6	6	6	6	6

**. 在顯著水準為0.01時 (雙尾)，相關顯著。

　　此表是將所有的相關係數整理成一覽表。高麗菜與紅蘿蔔的相關係數可以查出是 0.707。對角線上所排列的 1 並不具任何意義。

　　其次，請注視高麗菜與萵苣的相關係數為 1 一事。如觀察資料表時，高麗菜與萵苣的資料完全相同，此時即為 1。番茄與高麗菜，或番茄與萵苣的相關係數為 -1。這是意指類型完全相反。紅蘿蔔與青椒的相關係數是 0，這是指兩者間完全無關係，亦即，買紅蘿蔔的人就會買青椒，或者買紅蘿蔔的人就不會買青椒，並無此種傾向。

　　那麼，依據例題 4-2 的 01 資料表，計算相關係數看看。

相關

		果汁	牛奶	蔬菜	養樂多	茶葉	肉類
果汁	Pearson 相關	1.000	-.288	-.464*	-.257	.812**	-.508**
	顯著性 (雙尾)	.	.130	.011	.178	.000	.005
	個數	29	29	29	29	29	29
牛奶	Pearson 相關	-.288	1.000	-.224	.668**	-.288	-.435*
	顯著性 (雙尾)	.130	.	.242	.000	.130	.018
	個數	29	29	29	29	29	29
蔬菜	Pearson 相關	-.464*	-.224	1.000	-.506**	-.302	.651**
	顯著性 (雙尾)	.011	.242	.	.005	.112	.000
	個數	29	29	29	29	29	29
養樂多	Pearson 相關	-.257	.668**	-.506**	1.000	-.257	-.543**
	顯著性 (雙尾)	.178	.000	.005	.	.178	.002
	個數	29	29	29	29	29	29
茶葉	Pearson 相關	.812**	-.288	-.302	-.257	1.000	-.344
	顯著性 (雙尾)	.000	.130	.112	.178	.	.068
	個數	29	29	29	29	29	29
肉類	Pearson 相關	-.508**	-.435*	.651**	-.543**	-.344	1.000
	顯著性 (雙尾)	.005	.018	.000	.002	.068	.
	個數	29	29	29	29	29	29

*. 在顯著水準為0.05時 (雙尾)，相關顯著。
**. 在顯著水準為0.01時 (雙尾)，相關顯著。

　　果汁與茶葉的相關係數為 0.812，知有同時購買的傾向。蔬菜與肉類是 0.651，牛乳與養樂多是 0.668，知這些組合也有同時購買的傾向。即使與先前的對應分析之結果相比，結論的傾向也是相同的。但是，對應分析是注視同時購買的情形，相對的，相關係數是把同時未購買的情形也判斷為相似的類型，此處是不同的，所以結論並不一致。

■ 以主成分分析將相關係數做成圖形

　　觀察相關係數一覽表（統計學的世界中稱為相關矩陣），可以發現同時購買之商品的傾向，想必已有所了解，但商品數如增多時，以一覽表發現傾向即變得困難。譬如，即使被要求由以下的相關矩陣來判斷傾向也仍是困難的。

	A	B	C	D	E	F	G	H	I	J
A	1									
B	0.992	1								
C	0.794	0.808	1							
D	0.823	0.804	0.758	1						
E	0.144	0.180	0.147	0.027	1					
F	0.912	0.907	0.912	0.933	0.121	1				
G	0.918	0.911	0.914	0.913	0.112	0.990	1			
H	0.938	0.914	0.868	0.921	0.127	0.980	0.993	1		
I	0.932	0.899	0.867	0.868	0.074	0.972	0.978	0.992	1	
J	0.902	0.849	0.869	0.873	0.178	0.968	0.960	0.980	0.993	1

　　商品數目變多時，由上表判讀傾向的作業雖然需要，但知道是非常困難的。即使商品的數目是 10 個左右，也都會成為這樣的表，所以在現實的資料探勘的場合中，從相關矩陣去判斷資訊可以認為是不可能的。

　　因此，與對應分析的情形相同，考慮根據相關係數將商品間的關係以圖形來表現。此時所使用的手法，是被稱為「主成分分析」的手法。使用主成分分析，即可根據相關矩陣，將商品的關係以圖形來表現。主成分分析與對應分析一樣，在顧客的集群上也是非常有效的手法。下圖是以主成分分析所做成的圖形。

主成分分析與對應分析一樣，在顧客的集群上也是非常有效的手法。

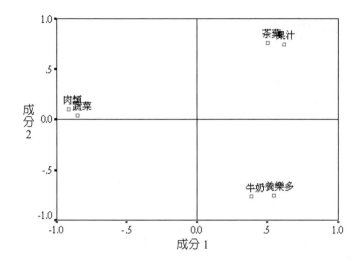

利用主成分分析所得到的此種圖形稱爲「因素負荷圖」。相關強的商品之間位於近處，關係弱的商品之間則位於原點與直角之處，有相反關係者，即位於相反位置。與對應分析的情形相同，從此圖也可以看出同時被購買的商品。

雖然出現了「對應分析」與「主成分分析」2種統計手法，而對應分析是應用在質性資料，主成分分析是應用在量性資料，這是基本的不同。

對應分析是應用在質性資料，而主成分分析是應用在量性資料。

4-5 關聯的應用(1)

■ 何種人會去購買

但是,如果能更進一步解析何種人同時購買肉類與蔬菜時,有可能會獲得更大的收益。對應分析與主成分分析雖提及對顧客的集群有幫助,但並未顯示具體的例子。因此,從顧客觀點,試著解析剛才的資料看看。

將原先的 01 資料以對應分析來進行時,不只是商品的布置圖,連顧客的布置圖也可製作。

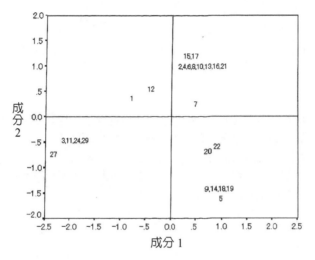

此圖形的製作,是以購買類型相近似的顧客之間位在近處,類型不相似的顧客之間則位在遠處。

依據此圖形,可以將顧客分成 4 群。

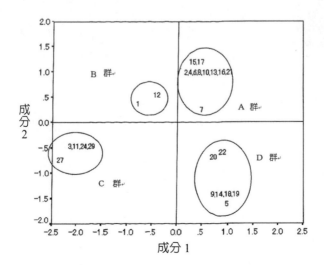

　　只是如此，也只是分成幾個群而已。如果未能特別指定何種群體，無法將此資料活用在企業活動上。因此，有效的是顧客資訊。此處所說的顧客資訊，像是性別、年齡、住處等。性別如果知道時，將上方的圖形試著以男與女區分顏色是最好的。因之，有需要將性別與年齡的資料附加在剛才的資料中。今假定附加了性別與年齡的資料。

顧客	果汁	牛奶	蔬菜	養樂多	茶葉	肉類	年齡	性別
1	0	1	1	0	0	0	40	1
2	0	0	1	0	0	1	30	2
3	0	1	0	1	0	0	20	2
4	0	0	1	0	0	1	30	1
5	1	0	0	0	0	0	40	1
6	0	0	1	0	0	1	30	2
7	0	0	1	0	1	0	30	1
8	0	0	1	0	0	1	30	2
9	1	0	0	0	1	0	40	1
10	0	0	1	0	0	1	30	1
11	0	1	0	1	0	0	20	2
12	0	1	1	0	0	1	20	2
13	0	0	1	0	0	1	30	2
14	1	0	0	0	1	0	40	2
15	0	0	0	0	0	1	30	1
16	0	0	1	0	0	0	30	1
17	0	0	0	0	0	1	30	1
18	1	0	0	0	1	0	40	2
19	1	0	0	0	1	0	40	1
20	1	0	1	0	1	0	40	2
21	0	0	1	0	0	1	30	2
22	1	0	0	0	1	1	40	2
23	0	0	1	0	0	1	30	1
24	0	1	0	1	0	0	20	2
25	0	0	1	0	0	0	30	2
26	0	0	1	0	0	1	40	1
27	0	0	0	1	0	0	20	2
28	0	0	1	0	0	1	30	2
29	0	1	0	1	0	0	20	2

　　將此追加的資料（性別與年齡）與群互相對照時，即可得出如下結果。

組 * 性別 交叉表

個數

		性別		總和
		男	女	
組	A	7	8	15
	B	1	1	2
	C		5	5
	D	3	4	7
總和		11	18	29

組 * 年齡 交叉表

個數

		年齡			總和
		20	30	40	
組	A		14	1	15
	B	1		1	2
	C	5			5
	D			7	7
總和		6	14	9	29

從性別與群的交叉累計表知，C 群的女性較爲集中。A、B、D 群看不出有性別的差異。另一方面，從年齡與群的交叉累計表來看，知 A 群是 30 歲左右的人，C 群是 20 歲左右的人，D 群是 40 歲左右的人較爲集中。

以結論來說，可以知道：

A 群是 30 歲左右的人較爲集中

C 群是 20 歲左右的女性顧客較爲集中

D 群是 40 歲左右的人較爲集中

然而，有需要考察 A 群、C 群與 D 群究竟是何種群呢？這些群是觀察顧客的布置圖加以集群的。因此，再次出現布置圖。以對應分析的結果所得到的布置圖，類型有「列的布置圖」與「行的布置圖」，雖然有列的布置圖與行的布置圖，但此兩種布置圖一併觀察是最好的。以本例來說，就是一併觀察顧客的布置圖與商品的布置圖。由此可以看出：

• A 群是同時購買肉類與蔬菜的顧客

• C 群是同時購買牛乳與養樂多的顧客

• D 群是同時購買茶與果汁的顧客

將以上的情形整理時：

• 肉類與蔬菜有同時被購買的傾向，30 歲左右的顧客較多。

• 牛乳與養樂多有同時被購買的傾向，20 歲左右的女性顧客較多。

• 茶葉與果汁有同時被購買的傾向，40 歲左右的顧客較多。

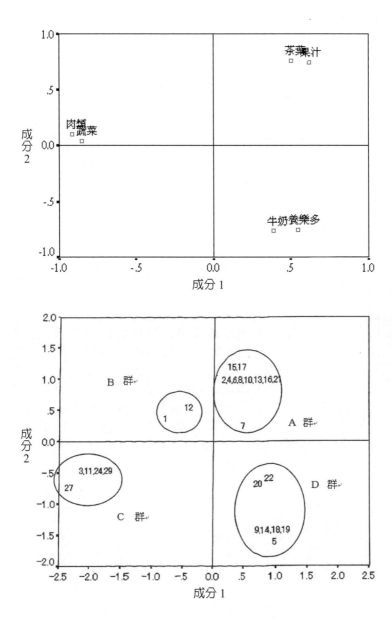

　　只是什麼與什麼被同時購買的分析並未結束，要再進一步分析，才可提出更有效的
資訊。

　　話說，雖然推導出 C 群是 20 歲左右的女性顧客較多，但此處稍微有些擔心，因此
進行年齡與性別的交叉累計看看。

性別 * 年齡 交叉表

個數

		年齡			總和
		20	30	40	
性別	男		6	5	11
	女	6	8	4	18
總和		6	14	9	29

　　觀察此表時，知 20 歲左右的是女生。曾說過 C 群是 20 歲左右的女性較多。可是，並無 20 歲左右的男性資料，所以有需要追加資料重新檢討結論。

　　此事說明記錄資料的危險性。並非是有計畫性地加以蒐集的資料，只是解析以紀綠所留下的資料時，常會發生此種現象。

對應分析主要是透過分析定性變數構成的列聯表來揭示變數之間的關係，其最大的特點是能從眾多的樣本與眾多的變數同時表現在同一張圖解上，將樣本的大類及其屬性在圖上直觀且明瞭地表示出來，而且能夠指示分類的主要參數以及分類的依據，是一種直觀、簡單、方便的多元統計方法。

Note

4-6 關聯的應用(2)

■ 關聯規則也可了解結果的信賴性

發現同時購買的類型，以其手法來說，介紹了對應分析與主成分分析。此 2 種手法並非是資料探勘的特有手法，而是以往即存在的統計解析手法。活用資料的探勘手法，如果未能具有對應分析或主成分分析所沒有的優點，那是沒有意義的。因此，先介紹有何優點。

對應分析與主成分分析的缺點，雖然可以發現同時購買的商品，但是可以信賴到什麼程度，必須另外解析才行。譬如，假定有 100 人購買肉類，其中 80 人也購買蔬菜，購買牛乳的人有 2 人，2 人也購買養樂多。此時，由 100 人的資料所得到的規則與由 2 人所得到的規則，當然可信度是不同的。對應分析與主成分分析，判斷此種可信度是很困難的。另一方面，如使用資料探勘手法時，即能以數值，亦即信賴度的方法表現結論的可信度。

又，例題中雖出現 6 個商品，29 人的資料，但實際的場合中商品數或人數也都非常龐大，因之變成許多商品在圖形上描點，只能注意顯著的偏離值而已。目前要介紹的資料探勘手法，看不出此種缺點。那麼，使用資料探勘的手法時，可以得出何種的結果呢？

對此種的資料應用稱之為「關聯規則（association rule）」的模型。資料探勘工具，是做出如下的圖形。以粗線連結的商品，顯示同時被購買的次數高，有強烈的關係。未以線連結的商品，則是未同時被購買的商品組合。

觀察此圖形，可以發現肉類與蔬菜，果汁與茶葉的關聯性強。

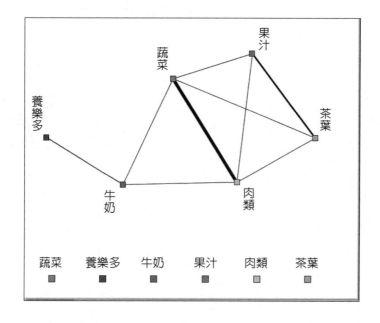

另外，以條件式的方式來表示規則即為如下。

SPSS Modeler 常使用 Apriori 模型、關聯規則分析，尋找關聯規則。

例項	支援度	信心度	後項	前項 1	前項 2
16	55.170	88.000	肉類	蔬菜	
7	24.140	86.000	茶葉	果汁	
7	24.140	86.000	果汁	茶葉	
17	58.620	82.000	蔬菜	肉類	
5	17.240	80.000	牛奶	養樂多	
6	20.690	67.000	養樂多	牛奶	
7	24.140	29.000	蔬菜	茶葉	
6	20.690	17.000	肉類	牛奶	
6	20.690	17.000	肉類	果汁	茶葉
6	20.690	17.000	蔬菜	果汁	茶葉

（排序方式：信心度　　10）

結果（後項）＜＝條件（前項）（次數（例項）：支援度（範圍 %），信賴度）

　　所謂支援度（範圍 %）是對所有顧客而言購買條件商品之顧客比率。由此情形知，所有顧客中 55.170% 的人購買蔬菜，58.620% 的人購買肉類。

　　並且，蔬菜與肉類的組合，提示出 2 個方向。此即購買蔬菜的人也看成是購買肉類嗎？或者購買肉類的人也看成是購買蔬菜嗎？出現兩者之不同。

　　肉類＜＝蔬菜（購買蔬菜的人也購買肉類）

　　蔬菜＜＝肉類（購買肉類的人也購買蔬菜）

　　同時購買蔬菜與肉類的人，不管從哪一方面來看人數也都相同，但不以比率來看時是沒有意義的。譬如，假定購買商品 A 的人有 100 人，購買商品 B 的人有 10 人。

　　假定同時購買商品 A 與商品 B 的人有 5 人，則購買 B 的人之中購買 A 的人的比率是 50%。可是，購買 A 的人之中購買 B 的比率，只有 5% 而已。這雖然是極端的例子，但此種現象並不稀奇，有需要從 2 個方向來觀察。

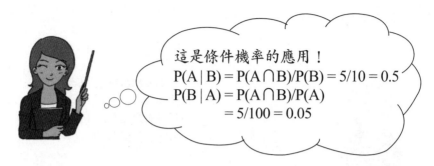

這是條件機率的應用！
$$P(A \mid B) = P(A \cap B)/P(B) = 5/10 = 0.5$$
$$P(B \mid A) = P(A \cap B)/P(A)$$
$$= 5/100 = 0.05$$

所謂信賴度也可想成是該規則（購買蔬菜也會購買肉類）的信賴程度。信賴度越接近 1，該規則越可信賴。

在此次所導出的規則中，可以看出

肉類＜＝茶葉 & 果汁
蔬菜＜＝茶葉 & 果汁

如看信心度時是 0.17，與其他規則相比，也不太靠得住。此種規則對今後的業務是否有幫助並不清楚。

在所導出的規則之中，由於也包含次數低的，為了不要囫圇吞棗，要一面參考信賴度與次數，並決定好是否可活用於今後的活動上。

此外，即使信賴度也高，次數也多的規則，並不一定保證有幫助。仍然具有理所當然的規則或者也有無意義的規則。它的取捨選擇，並非是資料解析的知識，需要有該領域的固有知識。

Note

4-7 關聯的應用(3)

■ 找出購買的順序

目前的例子，是發現同時購買什麼的一種分析。此外，購買順序並不看成問題。此處改變觀點，試著去觀察有無以何種順序去購買的傾向。

畢竟解析此種資料，理所當然購買順序已知之資料也是需要的。因之，購買日與購買者的紀錄也是需要的。留存有購買日或購買者紀錄的銷售形式是有所限定的，像是通訊銷售或是使用網路的銷售。何時、何人購買的？這些均可當作紀錄留存。

除此之外，雖然購買日與購買者可以特定的也有，但是像汽車或是房子等，它會變成並不是如此頻繁購買的商品。著眼於購買順序進行解析是不適合的。

雖然使用購買這句話，但不需要侷限於這句話。在網路上，以何種順序去看網頁之分析，也成為相同形式的資料。那麼，試考察以下的例題看看。

> 關聯分析，用於發現隱藏在大型資料集中的有意義的聯絡。這種聯絡反映一個事物與其他事物之間的相互依存性和關聯性。

〔例題 4-3〕

以下的資料表示從事個人電腦軟體的通訊銷售公司有關顧客的購買狀況的資料。表中的類型是表示所購買的順序。由此，資料可以說明什麼。

顧客	文書	計算	資料庫	畫像	翻譯
1	1	2	3	4	5
2	2	1	3	5	4
3	1	2	4	3	5
4	1	2	3	4	5
5	2	1	4	3	5
6	2	1	3	5	4
7	1	2	3	5	4

試著觀察此資料時，知有依如下順序購買的傾向。

文書 → 計算 → 資料庫 → 畫像 → 翻譯

可是，並非全員都是相同的順序。如仔細觀察時，打字與計算是 1 與 2 混在一起。資料庫、畫像、翻譯是 3、4、5 混在一起。因此，試製作如下的表整理看看。

順序	文書	計算	
1 **2**	4人 3人	3人 4人	
順序	資料庫	畫像	翻譯
3 **4** **5**	5人 2人 0人	2人 2人 3人	0人 3人 4人

文書與計算的軟體，比其他 3 項較為早些購買是沒錯的，但文書的處理軟體與計算軟體的順序並不明確。事先購買的人，只多 1 人而已。

另一方面，資料庫比翻譯軟體較為早些購買也是沒有錯的，但是資料庫與畫像的軟體、畫像與翻譯軟體的順序並不明確。

像這樣仔細觀察時，雖有不明確的地方，但大致的傾向如看成是

$$文書 \rightarrow 計算 \rightarrow 資料庫 \rightarrow 畫像 \rightarrow 翻譯$$

似乎也是可以的，如可得到購買順序的資訊時，即可從不同於同時購買的觀點去分析。

當顧客人數少時，商品的數量也少時，以整理成表的形式即可發現傾向。可是，顧客人數增加時，由表讀取資訊即變得困難。因此，可試著以先前出現的主成分分析來分析看看。

將主成分分析應用在此種資料時，首先讓矩陣轉置，使顧客配置於行。此事是分析的技巧問題，統計學的初學者，忽略也無妨。

顧客	1	2	3	4	5	6	7
文書	1	2	1	1	2	2	1
計算	2	1	2	2	1	1	2
資料庫	3	3	4	3	4	3	3
畫像	4	5	3	4	3	5	5
翻譯	5	4	5	5	5	4	4

如上述將商品配置在列，顧客配置在行，再對此資料實施主成分分析時，即可製作以下 2 個圖形。

顧客的布置圖（主成分分析）

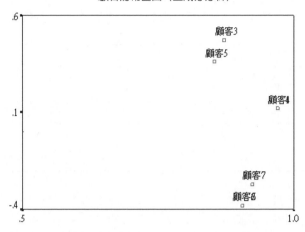

　　顧客的布置圖是購買順序相似者位於近處，不相似者位於遠處，可以看出分成 3 個群。

商品的布置圖（主成分分析）

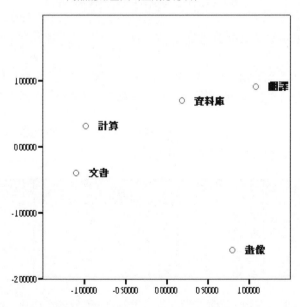

　　商品的布置圖是購買順序愈先者，就會位於左側。由左依文書、計算、資料庫、畫像、翻譯排列者，因之可以看出有按此傾向購買的傾向。此外，位於圖形的上方及下方的商品，依人而異其順序是大爲不同的。

Note

4-8 關聯的應用(4)

例題 4-3 的資料已將購買順序整齊地加以整理了，接著，請看以下資料。

〔例題 4-4〕

以下資料表是從事 OA 機器的通信銷售公司有關顧客購買狀況的資料。
按日期排列，O 表示已購買。請由此資料考察可明示什麼。

訂購日期	購買者	個人電腦	列印機	掃描機	硬碟	文書軟體	計算軟體	畫像軟體	翻譯軟體
7.01	A					○	○		
7.02	B			○					
7.04	C					○	○		
7.31	B				○			○	
8.01	E					○			
8.02	F		○			○	○		
8.04	A			○	○				
8.09	A	○						○	○
8.15	G					○	○		
8.19	G		○	○					
8.21	E			○				○	
8.22	E	○			○				
8.29	E							○	
8.31	C			○	○				○
9.03	G				○				
9.09	D				○	○			
9.11	F			○				○	
9.11	H			○		○			
9.12	D			○				○	
9.21	G							○	
9.23	F		○		○				
9.24	I								
9.25	I	○	○		○				
9.29	D				○				
10.01	H	○			○		○		
10.02	F								○
10.28	I		○					○	
11.01	I								
11.03	G								
11.03	H								
11.23	H								

使用剛才的關聯規則即可找出哪一商品與哪一商品是同時購買的。可是，試著觀察資料時，並非同一日購買。因此按顧客別重新整理資料，即可發現同時購買的商品。

但是，此資料留存有購買者與購買年月的紀錄，因此，像是以哪一種順序購買商品

即可進行分析。如能發現出購買 A 之後，再購買 B 之規則時，即可獲得廣告活動或是促銷活動的重要線索。

　　因此，首先將資料按顧客別重排。如此一來就比較容易觀察各個顧客的購買狀況。

利用關聯規則即可獲得廣告活動或是促銷活動的重要線索。

訂購日期	購買者	個人電腦	列印機	掃描機	硬碟	文書軟體	計算軟體	畫像軟體	翻譯軟體
7.01	A	○	○			○	○		
8.04	A			○	○				
8.09	A							○	○
7.02	B			○					
7.31	B				○			○	
7.04	C					○	○		
8.31	C			○					○
9.09	D	○	○			○	○		
9.12	D			○				○	
9.29	D				○				○
8.01	E	○	○			○			
8.21	E			○					
8.22	E				○				
8.29	E							○	
8.02	F					○			
9.11	F			○				○	
9.23	F				○				
11.02	F								○
8.15	G					○			
8.19	G			○					
9.03	G				○				
9.21	G							○	
11.03	G								○
9.11	H	○	○	○		○			
10.01	H				○				
11.03	H							○	
11.23	H								○
9.24	I		○						
9.25	I			○	○				
10.28	I							○	
11.01	I								○

將此按每一位顧客整理成 1 列，記入購買順序。

購買者	個人電腦	列印機	掃描機	硬　碟	計算軟體	畫像軟體	翻譯軟體
A	1	1	2	1	1	3	3
B			1			2	
C			2	1	1		2
D	1	1	2	1	1	2	3
E	1	1	2	1	2	4	
F			2	1	1	2	4
G			2	1	1	4	5
H	1	1	1	1	2	3	4
I		1	2			3	4

試著觀察此表時，知有以如下的順序購買的傾向，即

　　　掃描機→硬碟
　　　文書軟體→計算軟體→畫像軟體→翻譯軟體

利用此種的相關資訊、順序資訊去分析購買類型之分析稱為時序列模型分析。

利用相關資訊、順序資訊去分析購買類型之分析稱為時序列模型分析。

Note

4-9 關聯的應用(5)

■可以預測下次會購買物品的時序列模型分析

那麼，以下介紹利用資料探勘工具可以導出何種的規則。

例項	支援度	信心度	後項	前項1	前項2
3	0.600	1.000	硬碟	列印機	
3	0.600	1.000	畫像軟體	文書軟體	
3	0.600	1.000	硬碟	個人電腦	
3	0.600	1.000	掃瞄機	列印機	
3	0.600	1.000	掃瞄機	個人電腦	
3	0.600	1.000	畫像軟體	掃瞄機	
3	0.600	1.000	畫像軟體	列印機	
3	0.600	1.000	硬碟	文書軟體	
3	0.600	1.000	畫像軟體	個人電腦	
3	0.600	1.000	掃瞄機	文書軟體	
3	0.600	1.000	硬碟	掃瞄機	
4	0.800	1.000	畫像軟體	計算軟體	
2	0.400	1.000	硬碟	畫像軟體	畫像軟體
3	0.600	1.000	畫像軟體	文書軟體	掃瞄機
3	0.600	1.000	掃瞄機	文書軟體 and 計算軟體	
2	0.400	1.000	掃瞄機	硬碟	計算軟體
2	0.400	1.000	畫像軟體	掃瞄機	掃瞄機
2	0.400	1.000	硬碟	畫像軟體	硬碟
2	0.400	1.000	硬碟	硬碟	掃瞄機
3	0.600	1.000	硬碟	個人電腦 and 列印機	
3	0.600	1.000	畫像軟體	個人電腦	掃瞄機
2	0.400	1.000	掃瞄機	硬碟	硬碟
3	0.600	1.000	畫像軟體	文書軟體 and 計算軟體	
3	0.600	1.000	硬碟	列印機	掃瞄機

可以抽出以何種的順序被購買的類型。其中也有次數少的，因之只取出可以信賴的規則，再去活用。

順序的規則如果知道時，將會有何幫助呢？那是可以預測接著會購買什麼。譬如，假定有按如下的順序購買的傾向。

文書軟體→計算軟體→畫像軟體→翻譯軟體

如果有購買文書軟體與計算軟體的人，那麼可以預測此人接著會購買畫像軟體。當

預測出來時，即可設法對此人提供畫像軟體的簡介與資訊。

　　資料探勘工具中，也列入有從類型思考，再去預測會購買什麼的機能。下表是它的一個例子，由左向右排列著購買可能性高的商品。各列意指人。

	$SC-訂購日期-1	$S-訂購日期-2	$SC-訂購日期-2	$S-訂購日期-3	$SC-訂購日期-3	$SC-訂購日期-4	$S-訂購日其
1	1.000 硬碟		1.000 畫像軟體		1.000 翻譯軟體	0.750	文書軟體
2	1.000 硬碟		1.000 畫像軟體		1.000 翻譯軟體	0.750	文書軟體
3	1.000 硬碟		1.000 畫像軟體		1.000 翻譯軟體	0.750	文書軟體
4	1.000 硬碟		1.000 畫像軟體		1.000 翻譯軟體	0.750	文書軟體
5	1.000 硬碟		1.000 畫像軟體		1.000 文書軟體	0.667	計算軟體
6	1.000 硬碟		1.000 畫像軟體		1.000 翻譯軟體	0.750	文書軟體
7	1.000 硬碟		1.000 畫像軟體		1.000 翻譯軟體	0.750	文書軟體
8	1.000 硬碟		1.000 畫像軟體		1.000 文書軟體	0.667	計算軟體
9	1.000 硬碟		1.000 畫像軟體		1.000 翻譯軟體	0.750	文書軟體
10	1.000 硬碟		1.000 畫像軟體		1.000 翻譯軟體	0.750	文書軟體
11	1.000 硬碟		1.000 畫像軟體		1.000 翻譯軟體	0.750	文書軟體
12	1.000 硬碟		1.000 畫像軟體		1.000 翻譯軟體	0.750	文書軟體
13	1.000 硬碟		1.000 畫像軟體		1.000 翻譯軟體	0.750	文書軟體
14	1.000 硬碟		1.000 畫像軟體		1.000 翻譯軟體	0.750	文書軟體
15	1.000 硬碟		1.000 畫像軟體		1.000 翻譯軟體	0.750	文書軟體
16	1.000 硬碟		1.000 畫像軟體		1.000 翻譯軟體	0.750	文書軟體
17	1.000 硬碟		1.000 畫像軟體		1.000 翻譯軟體	0.750	文書軟體
18	1.000 硬碟		1.000 畫像軟體		1.000 翻譯軟體	0.750	文書軟體
19	1.000 硬碟		1.000 畫像軟體		1.000 翻譯軟體	0.750	文書軟體
20	1.000 硬碟		1.000 畫像軟體		1.000 翻譯軟體	0.750	文書軟體

　　此種一連串的分析即為時序列模型分析。

　　時間序列分析是根據系統觀測得到的時間序列數據，透過曲線擬合和參數估計來建立數學模型的理論和方法。

4-10 資料的遺漏

■ 注意遺漏的資料

在意見調查中經常有無法得到某詢問的回答結果，而成為遺漏值的情形。像年齡或年收入等不想回答，因之會有拒絕回答的情形。通常當有遺漏值時，採取將該回答者從資料中除去，或者除去詢問之後再進行分析，但是當遺漏值甚多時，著眼於遺漏值分析也是非常重要的作業。

遺漏值分析有以下 2 個方向。

(1) 推測遺漏值

(2) 分析遺漏值的傾向

推測遺漏值是指回答者未回答姓名，但一定是男性！或者沒有回答年齡，但可以估計大概是 25 歲吧！另一方面，分析遺漏值的傾向，像是男性會回答年齡，而女性不會回答，只有 30 歲以上的人才會回答年收入，指的是發現此種傾向。

發現先前所介紹的關聯規則的方法，在分析 (2) 的遺漏值的傾向上可以應用。

因此，請看以下的例題。

〔例題 4-5〕

以下的資料是將某意見調查的回答結果整理成一覽表。

問 1　性別

問 2　對○○是贊成或是反對

問 3　○○是喜歡或討厭

問 4　年齡

問 5　年收入

	問 1	問 2	問 3	問 4	問 5
1	男	*	*	29	350
2	女	贊成	*	28	300
3	女	贊成	*	*	*
4	男	*	喜歡	24	240
5	女	反對	*	*	*
6	男	反對	*	33	*
7	男	贊成	喜歡	29	450
8	女	贊成	喜歡	*	*
9	女	贊成	喜歡	*	*

	問1	問2	問3	問4	問5
10	男	*	討厭	33	*
11	男	*	討厭	31	*
12	男	贊成	喜歡	45	*
13	男	*	*	32	*
14	女	贊成	*	*	*
15	女	贊成	討厭	*	*
16	男	*	*	43	*
17	女	贊成	*	*	*
18	男	*	*	28	400
19	女	贊成	喜歡	22	220
20	女	反對	討厭	*	*

　　表中的＊是指因為無回答，所以成為遺漏值。請考察無回答的人具有何種傾向。試製作幾個交叉累計表看看。

問1 ＊ 問2 交叉表

個數

		問2			總和
		贊成	反對	無回答	
問1	男	2	1	7	10
	女	8	2		10
總和		10	3	7	20

問1 ＊ 問4 交叉表

個數

		問4		總和
		無回答	回答	
問1	男		10	10
	女	8	2	10
總和		8	12	20

從問 1 與問 2 的交叉累計表知，男性不回答問 2 的人較多。並且，由問 1 與問 4 的交叉累計表知，女性不回答問 4 的人較多。如再仔細觀察時，在問 4 已回答的人之中，只有 29 歲以下的人只對問 5 回答。

像以上那樣，掌握遺漏值的傾向，在解釋意見調查結果上非常重要。對於發現此種傾向，資料探勘也是有幫助的。針對此資料，進行發現關聯規則的分析時，可得出如下的結果。

例項	支援度	信心度	後項	前項 1	前項 2
7	35.000	100.000	問1＝男	問2＝無回答	
4	20.000	100.000	問1＝女	問2＝贊成	問3＝無回答
3	15.000	100.000	問2＝贊成	問1＝女	問3＝贊成
2	10.000	100.000	問3＝贊成	問1＝男	問2＝贊成
4	20.000	100.000	問1＝男	問3＝無回答	問2＝無回答
2	10.000	100.000	問2＝無回答	問1＝男	問3＝反對
2	10.000	100.000	問2＝無回答	問1＝男	問3＝反對
6	30.000	83.300	問2＝贊成	問3＝贊成	
10	50.000	80.000	問2＝贊成	問1＝女	
10	50.000	80.000	問1＝女	問2＝贊成	
5	25.000	80.000	問2＝贊成	問1＝女	問3＝無回答
5	25.000	80.000	問2＝無回答	問1＝男	問3＝無回答
10	50.000	70.000	問2＝無回答	問1＝男	
3	15.000	66.700	問1＝女	問2＝反對	
3	15.000	66.700	問3＝無回答	問2＝反對	
3	15.000	66.700	問2＝贊成	問1＝男	問3＝贊成
5	25.000	60.000	問1＝女	問2＝贊成	問3＝贊成

雖然也顯示出無意義的規則，但找出了如下的傾向（男性在問 2 無回答的較多）。

問 1 ＝男　　　　　＜＝問 2 ＝無回答
問 2 ＝無回答　　　＜＝問 1 ＝男

對於女性有許多人無回答問 4 之傾向來說，雖然發現出來，但此原因卻是問 4 與問 5 均是數值資料。從此種資料發現關聯規則時，有需要斟酌將資料變換成回答、無回答。

出現遺漏值在意見調查中是無法避免的。不只是考慮要如何處理遺漏值，分析遺漏值本身的態度也是很重要的，因之，請記住可以活用資料探勘的方法。

第5章
發現差異

5-1 判別差異(1)

■ 發現差異，判別屬於哪一群？

當行走夜路時，假定前端有一人站立者，臉孔因太暗看不清楚。可是，可以看出是一位大人、身高 180cm 左右。穿著長褲，頭髮的長度是短的。此時，你認為該人是男性或女性呢？

或許男性的可能性較高吧。因為，從身高、服裝、髮型來看，男性的特徵比女性的特徵更為接近的緣故。像這樣基於特徵，識別男性或女性的行為稱為判別（discriminant）。

一般來說，當事前已有細分化的數個群（clusters）時，判定某一個體（人、物）是屬於哪一群即為判別分析。像是判定男或女、健康或生病，或有無購買商品之意願的行為。判別需要有能賦予各群特徵的資料。

線性判別函數（linear discriminant function, 簡稱 LDF），是判別分析法中主要的工具。

最早由 R.A. Fisher（1936）提出。Fisher 提出線性判別函數，並應用於花卉分類上。他將花卉之各種特徵（character）（如花瓣長與寬、花萼長與寬等）利用線性組合（linear combination）方法，將這些基本上是多變量的數據（multivariate data），轉換成單變量（univariate data）。再以這個化成單變量的線性組合數值來判別事物之間的差別。

〔例題 5-1〕

　以下的資料是向成人 30 人打聽有無購買公寓打算之調查結果。年齡也同時打聽。

號碼	年齡	意願
1	36	有
2	42	有
3	25	無
4	20	無
5	43	有
6	28	無
7	37	有
8	23	無
9	28	無
10	34	無
11	27	無
12	39	有
13	41	有
14	22	無
15	36	有

號碼	年齡	意願
16	25	無
17	32	無
18	35	有
19	38	有
20	43	有
21	38	有
22	21	無
23	39	有
24	24	無
25	28	無
26	33	有
27	31	無
28	30	無
29	36	有
30	37	有

　考察依據年齡判別有購買公寓意願的人與無意願的人之規則，並請預估以下 5 人的購買意願。

A 先生　　22 歲
B 先生　　39 歲
C 先生　　31 歲
D 先生　　30 歲
E 先生　　44 歲

　考察判別問題的第一步是發現差異。購買意願的群與無購買意願的群，正是發現在年齡上有何不同。因之，圖形化與資料的重排是有幫助的。首先，製作如下的圖形。

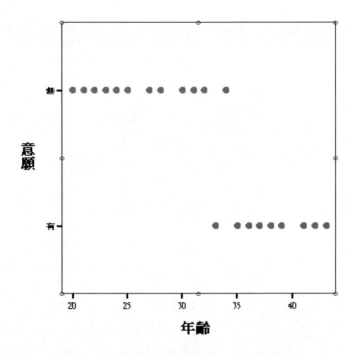

可以看出年齡低的人沒有購買意願，年齡高的人則有購買意願的傾向。在 33 歲左右似乎存在著有、無購買意願的分界線。

不只是圖形，資料的重排也是有幫助的。將剛才的資料按年齡的順序重排看看。

年齡	意願
36	有
42	有
25	無
20	無
43	有
28	無
37	有
23	無
28	無
34	無
27	無
39	有
41	有
22	無
36	有
25	無
32	無
35	有
38	有

→

年齡	意願
20	無
21	無
22	無
23	無
24	無
25	無
25	無
27	無
28	無
28	無
28	無
30	無
31	無
32	無
33	有
34	有
35	有
36	有
36	有

年齡	意願
43	有
38	有
21	無
39	有
24	無
28	無
33	有
31	無
30	無
36	有
37	有

→

年齡	意願
36	有
37	有
37	有
38	有
38	有
39	有
39	有
41	有
42	有
43	有
43	有

可以發現與圖形一樣的傾向。

那麼，製作判別的規則看看。以 33 歲到 35 歲作為分界似乎可行。

因此，考慮 2 個規則看看。

判別規則 1

年齡 ≥ 33 → 有購買意願　　年齡 < 33 → 無購買意願

判別規則 2

年齡 ≥ 35 → 有購買意願　　年齡 <35 → 無購買意願

以規則 1 判別時，34 歲的人（第 10 號）真正是沒有購買意願，卻判別為有意願。此種錯誤的判別稱為誤判別。另一方面，以規則 2 來判別時，33 歲的人（第 26 號）真正有購買意願，卻判別為無意願。不管作用哪一個規則，都無法避免誤判別。

一般來說，雖然是採用誤判別率小的規則，但像本例要考慮資料的變異（本例是年齡的變異）大小，或因誤判別造成的損失（有購買意願卻當作無意願的錯誤，以及無購買意願卻當作有意願的錯誤）再決定。

此處先採用規則 1。如依據此規則，A 先生到 E 先生，如下被判別。

A 先生　　22 歲 → 無購買意願
B 先生　　39 歲 → 有購買意願
C 先生　　31 歲 → 無購買意願
D 先生　　30 歲 → 無購買意願
E 先生　　44 歲 → 有購買意願

如果只有 2 張宣傳單，分發給 B 先生與 E 先生是較有效率的。但這是如何利用結

果的問題，從營業活動的策略來看，位於分界附近，被判別為無購買意願的人，可以重點性地說服使其傾向於購買的一方，此作法也可加以考慮。此時，將宣傳單分發給C先生與D先生或許較好吧。

　　將此種判別的問題，與第4章所介紹的集群（clustering）問題，相混淆的人有很多，但判別的問題與集群的問題，顯然是不同的。進行集群時，本例中所說的有無購買意願的資料並不存在。只是依據資料去建立群。因之，「集群」是建立群的問題，「判別」是考察何者屬於事先所建立之群的問題，其間有如此之差異。

　　但是，用於判別問題之資料，也能應用集群分析。即使本例題，忽略有關購買意願的資料，只使用年齡的資料實施集群分析時，可以做出如下的樹形圖。

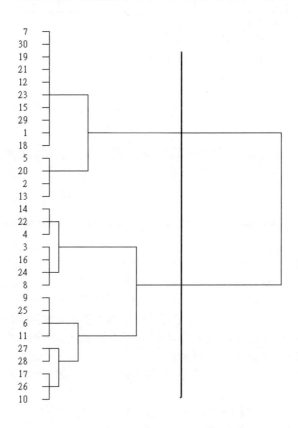

　　從此結果來看，知年齡似乎可以作為某種程度的判別。像這樣，針對判別問題應用集群分析是可能的，但畢竟是另一個問題，不可混為一談。

Note

5-2 判別差異(2)

■ 將資料重排後再判別

〔例題 5-2〕

以下的資料是將健康 10 人、肝硬化患者 10 人的血液檢查的結果做成一覽表者。血液檢查的項目是 ZTT 值、ALT 值、ALB 值 3 者。使用 3 個檢查項目，找出判別是否肝硬化的規則。

號碼	ZTT	ALT	ALB	診斷
1	10.6	25	4.9	正常
2	11.6	22	5.5	正常
3	11.5	18	4.0	正常
4	11.2	33	4.9	正常
5	11.9	30	4.8	正常
6	11.6	25	4.0	正常
7	11.7	28	4.4	正常
8	11.7	37	4.7	正常
9	12.2	32	4.3	正常
10	12.1	30	3.8	正常
11	11.7	30	3.7	肝硬化
12	12.2	34	4.1	肝硬化
13	12.4	23	3.5	肝硬化
14	12.9	28	3.7	肝硬化
15	12.2	35	4.4	肝硬化
16	12.6	32	3.3	肝硬化
17	12.8	41	3.9	肝硬化
18	11.9	35	3.6	肝硬化
19	13.3	36	4.1	肝硬化
20	12.5	37	3.5	肝硬化

首先，試做出圖形看看。

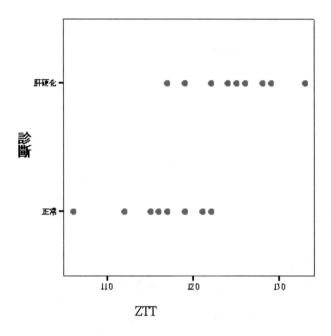

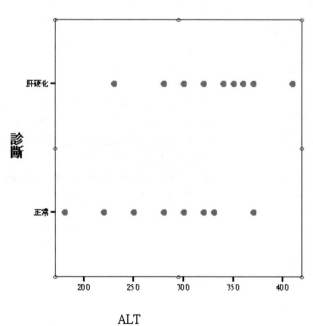

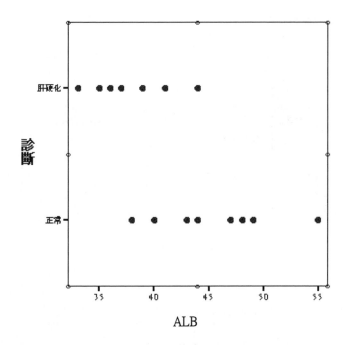

ALB

不管是使用哪一個檢查項目,似乎也都無法 100% 正確地判別。因此,試著考察組合 3 個檢查項目來使用看看。首先,注視最有助於判別的 ZTT 值,按由小而大的順序重排看看。

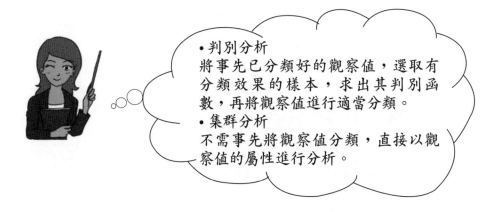

•判別分析
將事先已分類好的觀察值,選取有分類效果的樣本,求出其判別函數,再將觀察值進行適當分類。
•集群分析
不需事先將觀察值分類,直接以觀察值的屬性進行分析。

依 ZTT 值重排

號碼	ZTT	ALT	ALB	診斷
1	10.6	25	4.9	正常
4	11.2	33	4.9	正常
3	11.5	18	4.0	正常
2	11.6	22	5.5	正常
6	11.6	25	4.4	正常
7	11.7	28	4.4	正常
8	11.7	37	4.7	正常
11	11.7	30	3.7	肝硬化
5	11.9	30	4.8	正常
18	11.9	35	3.6	肝硬化
10	12.1	30	3.8	正常
9	12.2	32	4.3	正常
12	12.2	34	4.1	肝硬化
15	12.2	35	4.4	肝硬化
13	12.4	23	3.5	肝硬化
20	12.5	37	3.5	肝硬化
16	12.6	32	3.3	肝硬化
17	12.8	41	3.9	肝硬化
14	12.9	28	3.7	肝硬化
19	13.3	36	4.1	肝硬化

在此階段，建立如下規則。

ZTT ≥ 12.4　　　→ 肝硬化
ZTT ≤ 11.6　　　→ 正常
11.6 < ZTT < 12.4 → 保留（到下階段）

將此規則稱為第 1 階段的規則。其次，只以此階段中所保留的資料作為對象，以 ZTT 以外的項目進行重排。由於留下的有 ALT 與 ALB，因之分別重排看看。

利用 ALT 值重排

號碼	ZTT	ALT	ALB	診斷
7	11.7	28	4.4	正常
11	11.7	30	3.7	肝硬化
5	11.9	30	4.8	正常
10	12.1	30	3.8	正常
9	12.2	32	4.3	正常
12	12.2	34	4.1	肝硬化
18	11.9	35	3.6	肝硬化
15	12.2	35	4.4	肝硬化
8	11.7	37	4.7	正常

利用 ALB 值重排

號碼	ZTT	ALT	ALB	診斷
18	11.9	35	3.6	肝硬化
11	11.7	30	3.7	肝硬化
10	12.1	30	3.8	正常
12	12.2	34	4.1	肝硬化
9	12.2	32	4.3	正常
7	11.7	28	4.4	正常
15	12.2	35	4.4	肝硬化
8	11.7	37	4.7	正常
5	11.9	30	4.8	正常

　　觀察重排表時，以 ALB 重排後的表比以 ALT 重排後的表，正常與肝硬化出現在數值的兩端，所以使用 ALB 的數值，建立第 2 階段的規則。

ALB ≤ 3.7　　　　→肝硬化
ALB ≥ 4.7　　　　→正常
3.7<ALB<4.7　　　→保留

將經由 2 階段所建立的規則加以整理後表現看看。

ZTT ≥ 12.4　　　　→肝硬化
11. 6<ZTT<12.4　→ALB ≤ 3.7　　　→ 肝硬化
　　　　　　　　　→ 3.7<ALB<4.7　→（保留）
　　　　　　　　　→ ALB ≥ 4.7　　→正常
ZTT ≤ 11.6　　　　→正常

　　即使是重排的單純方法，仍可某種程度地發現規則，想必已能理解。可是，此處所表示的，畢竟是爲了讓人理解發現判別規則的過程。在實際的場合中，此種方法是不使用的。因爲，如處理龐大數目的受試者（正常人與肝硬化的人）時，檢查項目的數目也會變得龐大。利用重排設定由人判別的規則此種方法是有限制的。因此，出現資料探勘的手法。在判別的問題上所能應用的資料探勘的代表性手法是「決策樹」與「羅吉斯（**Logistic**）」迴歸。
　　首先介紹利用決策樹的方法。
　　此後在處理判別問題時，有些用語希望能記住。例題 5-2 是以血液檢查的項目判別是肝硬化或正常，說明肝硬化或正常的項目稱爲目的變數，用於判別的血液檢查項目稱爲說明變數。
　　此種稱呼方式，在第 6 章會再出現。

Note

5-3 決策樹

■ 使用決策樹CART來判別

決策樹的手法有數種。經常所使用的有名決策樹有 **CART**（classification & regression tree）與 **CHAID**（chi-square auto interaction detector）。此處先介紹 CART。

CART 有兩種用途。

(1)分類樹（用於判別的問題）

(2)迴歸樹（用於預測的問題）

例題 5-2 是判別的問題，因之利用分類樹來解析。如使用分類樹解析時，可以製作如下的樹形圖。

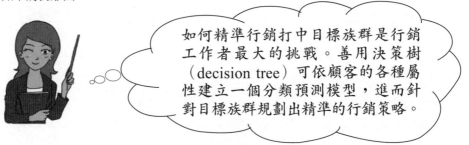

如何精準行銷打中目標族群是行銷工作者最大的挑戰。善用決策樹（decision tree）可依顧客的各種屬性建立一個分類預測模型，進而針對目標族群規劃出精準的行銷策略。

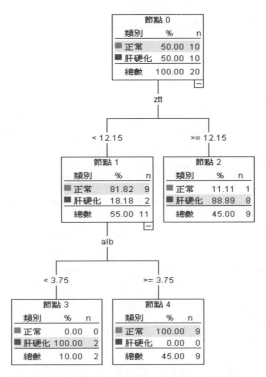

今說明此圖的看法。出現有節點（node）的用語，這可想成是被分割的 1 個群。

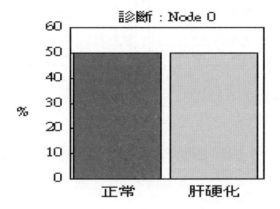

節點 0 是指還未被分割的原先的資料本身。如觀察方框之中時，知正常的人有 50%
（10 人），肝硬化的人有 50%（10 人）。

尋找使用何種值，在何處將全體資料分割時，正常與肝硬化的比率差成為最大。結
果，發現以 ZTT 之值是否在 12.15 以下或以上來分成 2 個群（節點 1 與節點 2）是最
好的。

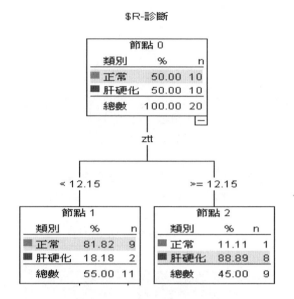

ZTT ＜ 12.15 → 節點 1
ZTT ≧ 12.15 → 節點 2

　　節點 2 無法再進一步分割。如觀察方框之中時，正常有 1 人，肝硬化有 8 人，以多
數的邏輯來看，可以判別屬於此節點的人是肝硬化。

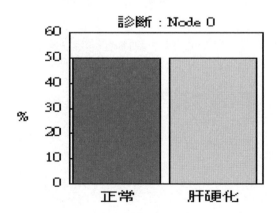

　　節點 1，甚至取決於 ALB 值是否在 3.75 以下或以上，可分成節點 3 與節點 4。

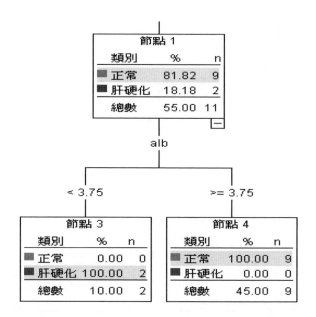

ALB ＜ 3.75 →節點 3
ALB ≧ 3.75 →節點 4

　　如觀察節點 3 的內容時，肝硬化的人的比率是 100%。因此，屬於此節點的人即判別肝硬化。節點 4 因正常是 100%，所以屬於此節點的人判別為正常。

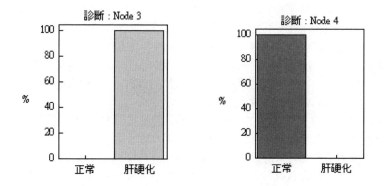

以結論來說，可以得出以下的判別規則。

ZTT ≧ 12.15　→　肝硬化
ZTT ＜ 12.15 & ALB ＜ 3.75 →肝硬化
ZTT ＜ 12.15 & ALB ≧ 3.75 →正常

5-4 判別規則

■ 評估、驗證所得到的判別規則

如得到判別規則時，是否就可以使用該規則呢？可以信賴到什麼程度呢？必須評估才行。因之，使用此規則實際判別 20 人看看。

譬如，第 1 號的人 ZTT 是 10.6，ALB 值是 4.9，所以判別是正常。實際的診斷結果是正常，所以是判別正確。照這樣將 20 人全部判別看看，觀察正確判別的程度有多少。以結論來說，誤判第 9 號的人，其他 19 人均正確判別。就第 9 號的人來說，ZTT 之值是 12.2，依據規則判定爲肝硬化。可是，實際上卻被診斷爲正常。誤判別率是 1/20=0.05，正確率是 19/20=0.95。以上的判別分析的結果，一般可整理成如下的分類表。

實際的類別

被判別的類別		正常	肝硬化
	正常	9	0
	肝硬化	1	10

誤判別

在實際的資料探勘場合中，除此種評估外，也進行稱爲驗證的作業。驗證是指建立判別規則卻未加使用的資料應用判別規則，評估是否正確判別的作業。

談到爲什麼需要此種驗證，在此次的評估方法裡，誤判別率低是理所當然的。判別規則是依據 20 人的資料所建立的，以其規則可以判別 20 人是理所當然的。真正能否適用，必須利用不同於 20 人的其他人來應用看看才可知道。

進行驗證，需要新的其他資料，但建立判別規則之後，才蒐集驗證用的資料，是很少進行的。實際上，在建立判別規則不使用全部的資料，先留下驗證用的資料，規則建立之後，所留下的資料當作驗證來使用。

如此次的例子，只有 20 個觀察值時，雖然要發現規則似乎少了些，因之，也實在無法留下驗證用所需的資料。可是，實際的資料探勘是處理大量的資料，因之有寬裕可留下作爲驗證用的資料。驗證也可以說是因爲資料探勘才出現的作業吧。

建立規則所使用的資料有稱之爲「學習用資料」，而爲驗證所得到的規則所使用的資料稱爲「驗證用資料」。學習用與驗證用之比例，取決於原有所使用的資料量而有所不同，將學習用當作 5 成到 7 成左右的情形居多。

學習用與驗證用，除時間序列資料外，有需要隨機分配。這是爲了避免在學習用資料上男性壓倒性地居多，而在驗證用上女性的資料則居多的此種偏差。時間序列資料隨機是沒有意義的。但是，假定有從 1991 年到 2000 年爲止的資料，以 2000 年爲止

的資料建立了規則，然後將該規則套用在 2001 年以後的資料上進行如此的驗證是有需要的。

另外，除了學習用、驗證用之外，甚至也確保評估用的資料，此種的想法也有。評估用是不參與資料的解析，由第三者準備或重新蒐集資料的情形居多。

雖說明了利用決策樹發現判別規則的方法，但如果觀察本例題的資料時，原先是有 3 個說明變數（ZTT、ALT、ALB）。但是，觀察決策樹似乎可以明白，ALT 並未出現。可以判斷對判別是正常或是肝硬化並無幫助。

是否有幫助，雖然電腦會依據統計的基準進行判斷，但是如果利用了沒有幫助的變數時，對判別精確度會有不良的影響，因之在決策樹中才沒有出現。但是，要注意的是，ALT 對判別沒有幫助，乃是「如果使用 ZTT 與 ALB 的話」有此前提的話題。比較正常與肝硬化時，並不是說 ALT 看不出有差異。

然而，枝葉（分歧數）如果不斷增加時，雖然減少誤判別率是有可能的，但相反的，最終到達的群（最終節點）所含的資料數就會變少，就會建立出欠缺可靠性、無意義的規則。實際上，在可以確保某種程度的資料數時，枝葉是有需要停止的。

5-5 以Logistic迴歸判別

■ 以Logistic迴歸所導出的數式來判別

決策樹是以圖來判別的手法，以下介紹建立式子來判別的手法。所使用的手法是被稱為 Logistic 迴歸的統計手法。將剛才的資料以 Logistic 迴歸解析時，可得出如下的式子。求式子的計算交給電腦。並非以筆算即可辦到。

$$Y = -37.802 + 4.295 \times ZTT + 0.618 \times ALT - 8.168 \times ALB$$

如在此式的左邊帶入 ZTT、ALT、ALB 之值時，即可求出 Y 之值。使用此 Y 值，計算肝硬化的機率。機率的計算方式，即為如下。

$$1/(1 + e^{-Y}) \quad （e 是自然對數）$$

機率之值如在 0.5 以上時，即判別肝硬化，如未滿 0.5 時，即判別為正常。所計算的機率一覽表顯示如下。

號碼	ZTT	ALT	ALB	診斷	機率	判定
1	10.6	25	4.9	正常	0.0000	正常
2	11.6	22	5.5	正常	0.0000	正常
3	11.5	18	4	正常	0.0000	正常
4	11.2	33	4.9	正常	0.0001	正常
5	11.9	30	4.8	正常	0.0006	正常
6	11.6	25	4	正常	0.0051	正常
7	11.7	28	4.4	正常	0.0019	正常
8	11.7	37	4.7	正常	0.0403	正常
9	12.2	32	4.3	正常	0.3022	正常
10	12.1	30	3.8	正常	0.8308	肝硬化
11	11.7	30	3.7	肝硬化	0.6664	肝硬化
12	12.2	34	4.1	肝硬化	0.8845	肝硬化
13	12.4	23	3.5	肝硬化	0.7337	肝硬化
14	12.9	28	3.7	肝硬化	0.9902	肝硬化
15	12.2	35	4.4	肝硬化	0.5491	肝硬化
16	12.6	32	3.3	肝硬化	0.9999	肝硬化
17	12.8	41	3.9	肝硬化	1.0000	肝硬化
18	11.9	35	3.6	肝硬化	0.9958	肝硬化
19	13.3	36	4.1	肝硬化	0.9997	肝硬化
20	12.5	37	3.5	肝硬化	1.0000	肝硬化

觀此表時，第 10 號的人的機率是 0.8308，實際上是正常，卻判定為肝硬化。實際上由於是正常的，所以將第 10 號的人誤判了。除第 10 人以外，均被正確判定。此與

利用決策樹的分析結果並不一致。像這樣，不見得是會一致的。實際上，嘗試兩者的分析並進行比較是很重要的。

如觀察機率的式子時，Y 值愈大，知機率愈接近 1。因此，如觀察計算 Y 值的式子時，ZTT 的係數是正，ALT 的係數是正，ALB 的係數是負。此事說明 ZTT 與 ALT 之值愈大，ALB 之值愈小，肝硬化的機率就愈高。

在 Logististic 迴歸中，與決策樹的情形一樣，如包含有判別上不需要的變數時，判別精確度就會變差。因此，只以重要的變數來建立式子即為課題所在。因此，要以統計學的方式來判斷在判別上是否需要，最終而言，要以重要的變數來建立式子，此作業稱為「變數選擇」。變數選擇的具體進行方式本書不敘述。但已提出有各種方法。本例題也顯示出進行變數選擇後之結果。與決策樹的時候相同，未選擇 ALT，可得出以下的式子。

（注）依變數選擇的方法，也會有不同的結果。

$$Y = -41.147 + 4.835 \times ZTT - 4.161 \times ALB$$

以未使用 ALT 的式子判別 20 人的結果如下頁所示。

與使用所有的說明變數的時候一樣，誤判了第 10 人，另外第 15 人也被誤判。誤判別率是 2/10 = 0.1，正解率是 18/20 = 0.9，比使用所有的項目時還不好。可是，這是因為減少了項目，所以想成是不得已的。儘管如此，此式正確辨別追加的資料的可能性是比較高的吧。

在 Logististic 迴歸中，與決策樹的情形一樣，如包含有判別上不需要的變數時，判別精確度就會變差。
要以重要的變數來建立式子，此作業稱為「變數選擇」。

號碼	ZTT	ALB	診斷	機率	判定
1	10.6	4.9	正常	0.0000	正常
2	11.6	5.5	正常	0.0000	正常
3	11.5	4	正常	0.0000	正常
4	11.2	4.9	正常	0.0001	正常
5	11.9	4.8	正常	0.0006	正常
6	11.6	4	正常	0.0051	正常
7	11.7	4.4	正常	0.0019	正常
8	11.7	4.7	正常	0.0403	正常
9	12.2	4.3	正常	0.3022	正常
10	12.1	3.8	正常	0.8308	肝硬化
11	11.7	3.7	肝硬化	0.6664	肝硬化
12	12.2	4.1	肝硬化	0.8845	肝硬化
13	12.4	3.5	肝硬化	0.7337	肝硬化
14	12.9	3.7	肝硬化	0.9902	肝硬化
15	12.2	4.4	肝硬化	0.3847	正常
16	12.6	3.3	肝硬化	0.9999	肝硬化
17	12.8	3.9	肝硬化	1.0000	肝硬化
18	11.9	3.6	肝硬化	0.9958	肝硬化
19	13.3	4.1	肝硬化	0.9997	肝硬化
20	12.5	3.5	肝硬化	1.0000	肝硬化

誤判的情形仍然會有，但誤判率愈低愈好。

Note

5-6 使用交叉表判別

■ 使用交叉表判別

〔例題 5-3〕

以下的資料是判別人是否處於健康狀態所蒐集而成的。選出患有某種病的 10 人、健康的 10 人，就被認為與健康狀態有關係的項目進行調查。調查的項目是飲酒與抽菸的習慣，另外再加上性別。

飲酒習慣：有　　無
抽菸　　：抽菸　不抽菸
性別　　：男　　女

飲酒	抽菸	性別	健康狀態
無	不抽	女	○
無	抽	女	×
有	不抽	男	○
有	抽	男	×
無	抽	男	×
無	抽	女	×
有	不抽	女	○
有	不抽	男	○
無	不抽	女	○
有	抽	女	×
無	抽	男	○
無	不抽	男	○
有	抽	男	×
有	抽	女	×
無	不抽	女	○
無	不抽	男	×
有	不抽	男	○
有	抽	男	×
有	不抽	女	○

就表中的健康狀態之項目來說，○表示健康，×表示生病。使用飲酒、抽菸、性別來考察，由此資料去判別健康狀態與否。

與例題 5-2 的類型相同，但用於判別的說明變數並非數值，而是質變數，此處是不同的。解析此種資料的基本手法，即為說明變數與目的變數的交叉表。所謂交叉表，譬如，像男性中合格者有幾人，女性中不合格者有幾人，如此組合並累計的方法。交叉累計的結果可以整理成如下的交叉表。

	合格	不合格
男	10人	70人
女	60人	30人

　　交叉表在統計學的世界中稱為分割表。交叉表的資料大多使用條形圖，以視覺的方式表現。那麼，就剛才的健康問題，製作 3 個交叉表與條形圖看看。

健康狀態 ＊飲酒 交叉表

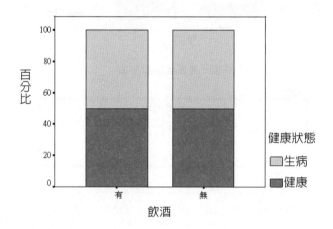

個數

| | | 飲酒 | | 總和 |
		有	無	
健康狀態	健康	5	5	10
	生病	5	5	10
總和		10	10	20

抽菸 * 健康狀態 交叉表

個數

| | | 健康狀態 | | 總和 |
		健康	生病	
抽菸	抽菸	1	9	10
	不抽菸	9	1	10
總和		10	10	20

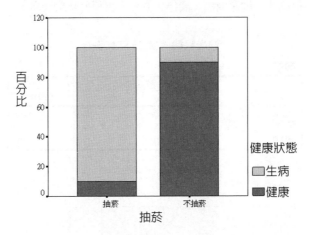

性別 * 健康狀態 交叉表

個數

| | | 健康狀態 | | 總和 |
		健康	生病	
性別	男	5	5	10
	女	5	5	10
總和		10	10	20

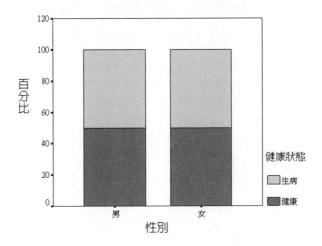

　　從此 3 個交叉表與條形圖，在健康狀態的判別上，調查抽煙習慣的有無，可以知道是非常有效的。

5-7 使用決策樹CHAID判別

■ 使用決策樹CHAID來判別

當判別所使用的說明變數是質變數時，經常使用稱為 CHAID 的決策樹。試以 CHAID 分析剛才的資料時，可以做出如下的決策樹。

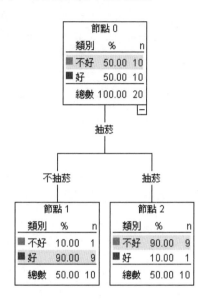

由於性別與飲酒並未出現，因此，可以認為這些變數在判別上被判斷為不需要。

節點 0 是還未被分割，是原先的資料。如觀察方框之中時，知健康的人占 50%（10人），生病的人占 50%（10 人）。

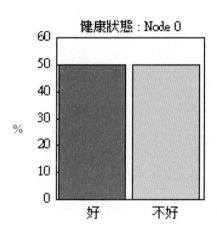

　　尋找使用哪一種變數將全體的資料分割時，健康與生病的比率差變得最大。結果，發現以抽煙與否分成 2 群（節點 1 與節點 2）是最好的。

　　如觀察節點 1 的內容時，健康的人的比例佔 90%。因此，屬於此群的人即可判別是健康。

　　如觀察節點 2 的內容時，生病的人的比例是 90%。因此，屬於此群的人即可判別是生病。

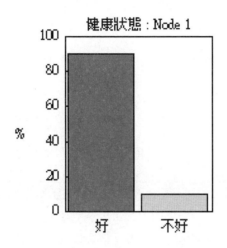

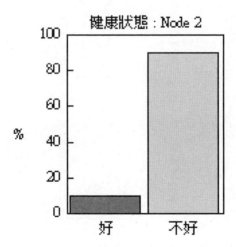

5-8 交叉表無法判別的情形

■ 在通常的交叉表無法判別的情形下決策樹是有效的

〔例題 5-4〕

以下的資料是調查 DVD 播放機的購買狀況。調查 3 個項目，目的是想由這些項目判別是否購買。調查的項目有以下 3 者。

本國片迷或外國片迷呢？	本國片	外國片
擁有個人電腦嗎？	有	無
性別	男	女

表中的「實績」項目是○表示購買，×表示未購買。使用電影的喜好、個人電腦擁有狀況、性別，從此資料去判別何種人購買播放器，何種人不購買。

偏好	個人電腦	性別	實績
外國片	無	女	×
外國片	無	女	×
外國片	無	女	×
本國片	有	女	×
本國片	有	女	×
本國片	無	男	○
外國片	有	男	○
本國片	無	女	○
外國片	無	男	×
本國片	無	男	○
本國片	有	男	×
本國片	有	男	×
外國片	有	女	○
外國片	有	女	○
外國片	有	男	○
外國片	無	男	×
本國片	無	男	○
外國片	有	女	○
本國片	無	女	○
本國片	有	男	×

說明變數均為質變數，因之與例題 5-3 是完全相同的類型。因此，試製作交叉表看看。

偏好 ＊ 實績 交叉表

個數

		實績		總和
		購買	未購買	
偏好	西洋畫	5	5	10
	本國畫	5	5	10
總和		10	10	20

偏好 ＊ 個人電腦 交叉表

個數

		個人電腦		總和
		有	無	
偏好	西洋畫	5	5	10
	本國畫	5	5	10
總和		10	10	20

偏好 ＊ 性別 交叉表

個數

		性別		總和
		男	女	
偏好	西洋畫	4	6	10
	本國畫	6	4	10
總和		10	10	20

　　不管觀察哪一種交叉表，購買與未購買完全沒有關係。也就是說，不管使用哪一變數均無法判別。因此，決定從別的角度來觀察資料。

　　將資料以結果（實績）重排。於是，購買與未購買如下持續出現。因此，何種人是否購買就變得容易看。可是，有何種傾向能知道嗎？

偏好	個人電腦	性別	實績
外國片	有	男	○
外國片	有	女	○
外國片	有	女	○
外國片	有	男	○
外國片	有	女	○
本國片	無	男	○
本國片	無	女	○
本國片	無	男	○
本國片	無	男	○
本國片	無	女	○
外國片	無	女	×
外國片	無	女	×
外國片	無	女	×
外國片	無	男	×
外國片	無	男	×
本國片	有	女	×
本國片	有	女	×
本國片	有	男	×
本國片	有	男	×
本國片	有	男	×

　　試將電影的喜好與個人電腦的擁有狀況加以組合看看。亦即，購買的人，是喜好西洋片且擁有電腦呢？或是喜歡本國片且未擁有電腦呢？形成如此的組合。從交叉表雖得出了任一變數對判別均無幫助的結果，但那是單獨才沒有幫助，如果組合時，即可判別。像這樣組合時，發生的效果稱為交互作用。

　　有交互作用時，想必已理解了以通常的交叉表是無法發現判別規則的。那麼，交互作用存在時，如製作決策樹時，可以得出何種結果呢？讓我們繼續看下去吧。

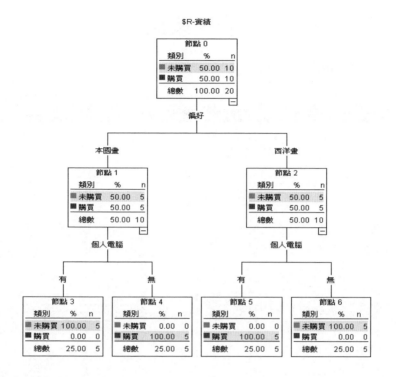

觀察決策樹時，

喜歡西洋片未擁有個人電腦的人　→　未購買
喜歡西洋片擁有個人電腦的人　→　購買
喜歡國片未擁有個人電腦的人　→　購買
喜歡國片擁有個人電腦的人　→　未購買

以如此的規則，知可以完全判別購買與否。

事實上，決策樹是從被稱為自動交互作用檢出法（auto interaction detector；AID）之手法所發展出來的，因之欲檢出此種交互作用是非常適合的。

（註）本例題最初決定要分歧的變數時，如交叉表所見，可能會發生無法發現有效變數之現象，因之製作決策樹時，利用軟體，有需要若干的考量。

5-9 不只一個最好的決策樹

■ 「最好」的決策樹不只1個

〔例題 5-5〕

　　以下的資料是將例題 5-4 加以若干修正。從此資料使用電影的喜好、個人電腦的擁有、性別，判別有無購買播放器。

偏好	個人電腦	性別	實績
外國片	有	女	○
外國片	有	女	○
本國片	無	男	×
本國片	無	女	×
外國片	有	女	○
外國片	有	女	○
本國片	無	男	×
外國片	有	男	○
外國片	有	男	○
外國片	有	男	○
本國片	無	女	○
本國片	無	女	×
外國片	有	男	×
外國片	有	男	○
本國片	無	女	×
本國片	無	男	×
本國片	無	女	×
外國片	有	男	○
本國片	無	男	×
本國片	無	女	×

首先，製作交叉表。

實績 * 偏好 交叉表

個數

		偏好		總和
		西洋畫	本國畫	
實績	購買	9	1	10
	未購買	1	9	10
總和		10	10	20

實績 * 個人電腦 交叉表

個數

		個人電腦		總和
		有	無	
實績	購買	9	1	10
	未購買	1	9	10
總和		10	10	20

實績 * 性別 交叉表

個數

		性別		總和
		男	女	
實績	購買	5	5	10
	未購買	5	5	10
總和		10	10	20

　　觀察交叉表時，似乎可以判別電影的喜好與個人電腦的擁有狀況。此處，如製作決策樹時，變成如下。

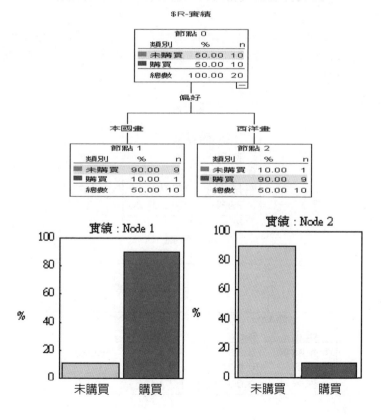

　　電影的喜好雖然在決策樹中出現，但個人電腦的擁有狀況並未出現。只要看交叉表，性別之未出現雖然可以理解，但個人電腦的擁有狀況與電影的喜好一樣應該有助於判別，因之令人費解。

　　此意謂著是否擁有個人電腦，並非與購買與否無關，如果在西洋片或本國片中分歧時，對此資訊而言，即使加上是否擁有個人電腦，也並未提高判別的精確度。

　　試從別的角度來觀察此事吧。實際上，將電影的喜好與個人電腦的擁有狀況的回答結果加以比較，即可明白。回答的類型是一致的。西洋片迷擁有個人電腦，本國片迷未擁有個人電腦。西洋片迷與本國片迷之資訊，與擁有個人電腦與否之資訊，變成了相同的資訊。此事如果製作電影的喜好與個人電腦的擁有狀況的交叉表，就可清楚明白。

個人電腦 * 偏好 交叉表

個數

		偏好		總和
		西洋畫	本國畫	
個人 電腦	有	10		10
	無		10	10
總和		10	10	20

　　將此種狀況稱為電影的喜好與個人電腦的擁有狀況相交絡。從以上的事項來看，即使使用個人電腦的擁有狀況，想來也可以同樣地判別。因此，只以個人電腦的擁有狀況製作決策樹看看。

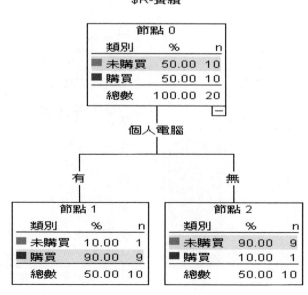

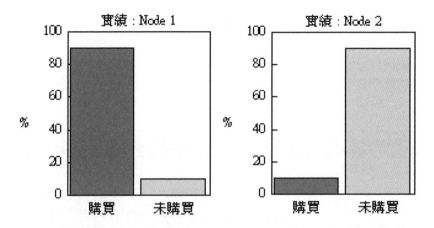

以電腦的喜好來判別，以及以擁有個人電腦來判別，知具有相同的判別精確度。此事說明什麼呢？這是說「最好」的決策樹並非只有 1 個。本例是電影的喜好與個人電腦的擁有狀況「完全一致」的極端例子，但在實際的場面中，也常有「幾乎一致」的狀況。即使是幾乎一致的狀況，也會出現相同的現象，所以決策樹不要想成這是最好的，嘗試幾個模式看看的態度是需要的。

「最好」的決策樹並非只有 1 個。

5-10 找出有特徵的群

■ 以決策樹找出有特徵的群

決策樹雖然是判別的手法，但想找出有特徵的群也是有幫助的。以下例子是調查某大學中會有何種的學生前來參加考試。

〔例題 5-6〕

某大學在校慶或開放校園時對前來的高中生進行了如下的意見調查。

問 1 　住址是在何處？
　　　　台北
　　　　桃園
　　　　基隆
問 2 　有興趣的領域是以下何者？
　　　　資訊技術
　　　　企業經營
　　　　環境問題
問 3 　除本校外想考哪一所大學？
　　　　A 校
　　　　B 校
　　　　無

將此意見調查的結果與受考生的名冊相比照之後再行整理資料，對意見調查的詢問來說，如何回答的學生會傾向於考本校呢？想一探究竟。

資料量太多，因之不顯示原始資料，只顯示所累計的結果。表中的數字是接受考試人數（受考）與不接受考試（不受考）人數。

住所	興趣	備選	受考	不受考
台北	資訊技術	A	38	13
台北	資訊技術	B	1	1
台北	資訊技術	無	2	3
台北	企業經營	A	9	21
台北	企業經營	B	4	10
台北	企業經營	無	41	11
台北	環境問題	A	3	5
台北	環境問題	B	5	9
台北	環境問題	無	9	21
桃園	資訊技術	A	9	21
桃園	資訊技術	B	6	14
桃園	資訊技術	無	25	34
桃園	企業經營	A	7	16
桃園	企業經營	B	4	8

住所	興趣	備選	受考	不受考
桃園	企業經營	無	8	19
桃園	環境問題	A	36	16
桃園	環境問題	B	9	21
桃園	環境問題	無	7	15
基隆	資訊技術	A	4	8
基隆	資訊技術	B	3	5
基隆	資訊技術	無	9	21
基隆	企業經營	A	4	9
基隆	企業經營	B	9	19
基隆	企業經營	無	7	15
基隆	環境問題	A	7	15
基隆	環境問題	B	2	12
基隆	環境問題	無	2	8

實施交叉表時，即爲以下的結果。此處是以比率（％）表示表中的數值。

結果 * 住所 交叉表

住所內的%

		住所			總和
		台北	桃園	基隆	
結果	受考	54.4%	40.4%	29.6%	42.2%
	不受考	45.6%	59.6%	70.4%	57.8%
總和		100.0%	100.0%	100.0%	100.0%

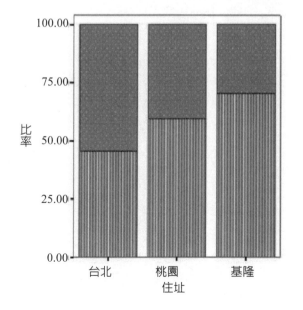

結果 * 興趣 交叉表

興趣內的 %

		興趣			總和
		資訊技術	企業經營	環境問題	
結果	受考	44.7%	42.1%	39.6%	42.2%
	不受考	55.3%	57.9%	60.4%	57.8%
總和		100.0%	100.0%	100.0%	100.0%

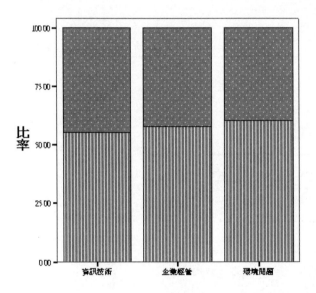

結果
受考
不受考

條形圖顯示

結果 * 備選 交叉表

備選內的 %

		備選			總和
		A大學	B大學	無	
結果	受考	48.5%	30.3%	42.8%	42.2%
	不受考	51.5%	69.7%	57.2%	57.8%
總和		100.0%	100.0%	100.0%	100.0%

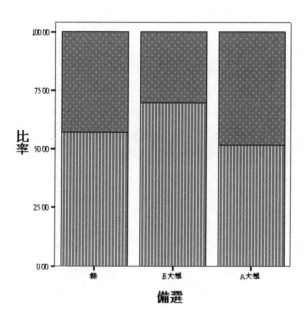

條形圖顯示

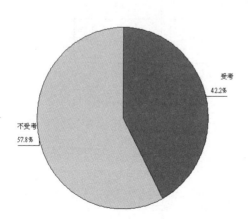

　　觀此圓餅圖時，知受考者的比率是 42.2%。可是，即使觀察各個交叉表與條形圖，也不知道顯著的傾向。頂多看出住在基隆的學生，受考其他大學的比率比本校高。

　　試從此資料製作決策樹看看。以下即為決策樹。

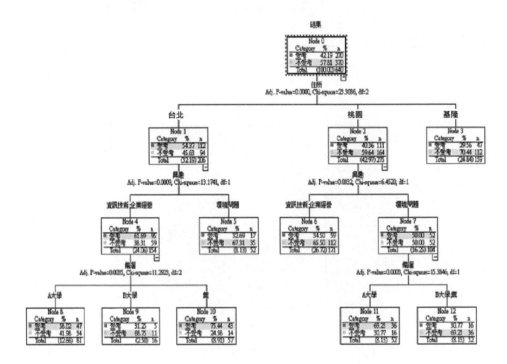

誤判別表

	實際的類別	
	受考	不受考
被判別的類別　受考	126	64
不受考	144	306
合計	270	370

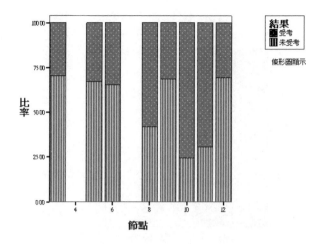

　　觀察判別精確度時，誤判別率是 32.5%（=(64 + 144)/640），正確率是 67.5%。此正確率不能說得出良好的結果。原本未受考的人的比率是 57.8%，即使忽略資料，將所有的人判別為未受考，57.8% 是可以猜中的。如果目的是發現判別規則時，如果不能比 57.8% 還高是沒有意義的。因此，從判別的目的來評估時，此分析不能說是成功的。那麼，是否得不出什麼資訊呢？也不盡然，試比較被分歧的最終的應考生。受考率做成後面的條形圖。

　　全體的入學比率是 42.2%，相對地可以發現受考率高的群。亦即，以下的三個群。

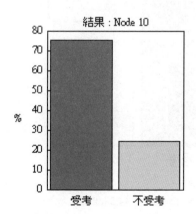

節點 10
未受考 24.6%　受考 75.4%

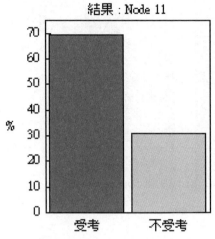

結果：Node 11

節點 11
未受考 30.8%　受考 69.2%

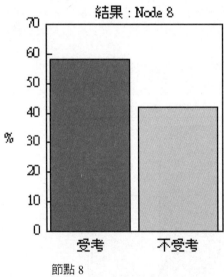

結果：Node 8

節點 8
未受考 42.0%　受考 58.0%

從決策樹知，各群的特徵如下：

節點 10：住在台北，對資訊技術或企業經營關心，無備選大學。

節點 11：住在桃園，對環境問題關心，A 大學爲備選。

節點 8：住在台北，對資訊技術或企業經營關心，A 大學爲備選。

發現此種群之後，對今後的宣傳活動非常有幫助。譬如，針對受考生考量郵寄 200

人的受考用傳單時，即使隨機分發，單純地計算會有反應的人，大約是 200×0.422 ＝ 80（人）左右。可是，將 200 人對節點 10 的群分送 70 人，對節點 11 的群分送 55 人，對節點 8 的群分送 75 人時，計算的結果大約 135 人會有反應，效率變得更佳。

此構想雖然是著眼於受考率高的群，但相反的構想也是可行的。這是著眼於受考率低的群，對此群強化重點性的訪問活動，讓受考率提高的一種構想。此時，有需要對為何受考率低進行要因分析。

此話題畢竟是例題，並不需要限定在傳單的郵寄上。即使是訪問活動的效率化此種觀點也可利用。當然，不能保證按照此種計算的方式。因為是依據機率判斷，帶有風險是無法避免的。

如以上的說明，決策樹並非只是判別之用，也具有發現有特徵之群的用途。此事不妨銘記在心。

在目前的話題中，出現了 CART 與 CHAID 兩個決策樹，CHAID 具有分歧成三個以上的枝，相對的，CART 稱為二進樹，經常分歧成兩個枝，有如此的不同。

CHAID 與 CART 為決策樹的工具，前者具有分歧成 3 個以上的枝，相對的後者稱為二進樹，經常分歧成 2 個枝。

5-11 尋找不良品發生的原因(1)

■ 以決策樹尋找不良品發生的要因

此處介紹並非將決策樹用於判別，而是用於探索原因之例子。

〔例題 5-7〕

以下的資料是有關某產品的製造條件與品質的記錄。

	原料	機械	硬化劑	乾燥時間	品質
1	1	2	27	96	1
2	3	1	25	81	1
3	1	2	26	102	1
4	2	2	38	106	1
5	2	2	25	78	1
6	3	2	37	99	2
7	1	2	27	96	1
8	2	2	36	103	1
9	1	2	26	74	1
10	2	2	37	92	2
11	2	1	34	80	1
12	3	1	30	96	2
13	2	1	27	98	1
14	2	2	24	85	1
15	3	1	36	81	1
16	2	2	29	91	2
17	1	2	24	88	1
18	1	2	39	94	1
19	3	2	37	82	1
20	1	2	23	94	1
21	3	2	39	101	2
22	3	2	35	92	2
23	2	2	30	103	1
24	3	1	38	93	1
25	3	2	31	78	2
26	1	2	29	84	1
27	1	1	20	78	1
28	2	1	28	80	2
29	1	1	25	96	1
30	2	2	22	108	2
31	2	2	24	94	1
32	2	2	29	93	1
33	3	1	34	88	1
34	2	1	29	88	1
35	1	2	31	85	1
36	2	2	41	90	1
37	3	2	26	85	1
38	1	2	28	93	1
39	3	1	29	79	1
40	3	2	28	87	2

原料：表示原料的種類，有 A、B、C 3 種，

機械：表示粉碎原料的機械，有一號機與二號機，

硬化劑：在製造工程投入的硬化劑量（g），

乾燥時間：熱處理後乾燥所花費的時間（秒），

試從這些資料考察品質不良的要因。

　　在品質管理的領域裡，尋找產品的不良原因，此種分析是經常採行的。決策樹在此種場合也是有效的手法。

　　那麼，試使用這些資料，製作決策樹看看。本例題與以前的決策樹的話題是有所不同。那是用於判別的變數有量變數（硬化劑量、乾燥時間）與質變數（原料的種類、機械的種類）混在一起。決策樹中量變數與質變數混合存在也沒關係。

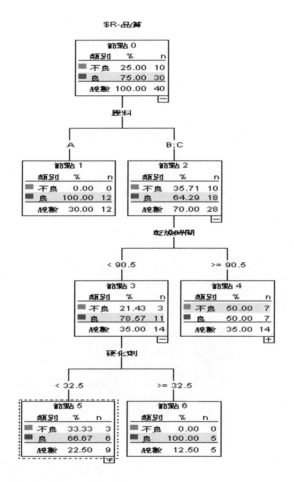

觀察決策樹時，可以讀取如下的傾向：
(1)全體的不良率是 25%。
(2)最終可分成 4 個群：
　　節點 1：以原料 A 製造的產品群。
　　節點 4：以原料 B 或 C 製造，乾燥時間在 91 秒以上的產品群。
　　節點 5：以原料 B 或 C 製造，乾燥時間在 90 秒以下，
　　　　　　硬化劑的量在 32g 以下的產品群。

節點 6：以原料 B 和 C 製造，乾燥時間在 90 秒以下，
　　　　硬化劑的量在 32g 以上的產品群。

(3)節點 1 之中，不存在不良品。

(4)節點 4 之中，存在良品與不良品。

(5)節點 5 之中，存在良品與不良品。

(6)節點 6 之中，不存在不良品。

(7)機械未出現在決策樹中。

　　決策樹是不論多少均可細分，所以被分枝出來的最終群的傾向，不一定如實地可以信賴。因此，如果目的是判別良品與不良品時，或許在上方的枝中即應停止。可是，如本例用於要因解析時，是否有意義姑且不談，但細分來看是有必要的。那是因為不想忽略品質不良的重要原因。

　　從上述的傾向來看，以品質不良的要因來說，可以想像是原料的種類、硬化劑的量、乾燥的時間。

　　根據由決策樹所得到的資訊製作圖形，再去觀察結論。

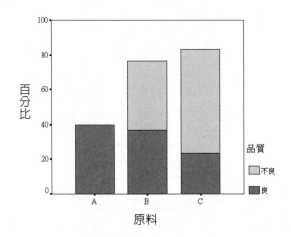

很明顯可以知道原料 A 不會發生不良。

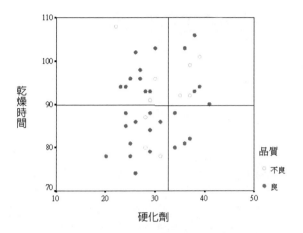

由散布圖可以確認出，在原料 B 或 C 中，乾燥時間在 90 秒以下，硬化劑的量在 33g 以上時，不發生不良品之如此規則。

決策樹並非只用於判別，也可利用決策樹尋找不良品發生的原因，在品質管理的領域中也是有效的手法。

5-12 尋找不良品發生的原因(2)

■ 發現原因進行確認實驗

　　使用決策樹，雖然浮現出品質不良的要因，但這並未能特別指出要因。畢竟不過是假設罷了。要特定真正的要因，爲了確認此次所得到的規則進行實驗是有需要的。對實驗來說，實驗計畫法是有幫助的。只要利用實驗計畫法蒐集資料，即可識別要因，如此說也不過言。

　　實驗計畫法是有體系地爲我們提供有效率地實驗的計畫方法，以及實驗數據的解析方法，這是能以少數的實驗來驗證假設的方法。這剛好與利用盡可能多的資料發現假設的資料探勘法，位於相反的方法論。實驗計畫法雖然是站在實施實驗立場的研究人員、技術人員所必備的學問，但若在不在進行驗證的職場中，並不熟悉它，不用說學過，就是說有聽過名稱的人也有很多，不是嗎？可是，蒐集資料時的想法，可供參考之處甚多，最好可以學學它。

　　話說，本例在實驗中會改變的要因，舉出有原料的種類、硬化劑的量、乾燥時間。接著，以下記的實驗計畫表中所記載的條件進行製造，再調查品質（並不是說以下記的條件進行實驗是唯一正確的方法。這畢竟也是一個例子）。

實驗號碼	原料種類	硬化劑量	乾燥時間
1	A	30	85
2	A	30	90
3	A	30	95
4	A	33	85
5	A	33	90
6	A	33	95
7	A	36	85
8	A	36	90
9	A	36	95
10	B	30	85
11	B	30	90
12	B	30	95
13	B	33	85
14	B	33	90
15	B	33	95
16	C	36	85
17	C	36	90
18	C	36	95
19	C	30	85
20	C	30	90
21	C	30	95
22	C	33	85
23	C	33	90
24	C	33	95
25	C	36	85
26	C	36	90
27	C	36	95

　　實驗條件是為了確認「原料A未發生不良品，B與C發生不良品」的假設，以及「乾燥時間在 90 秒以下，硬化劑的量在 38g 以下時，不發生不良品」的假設。首先，將原料設定在 A，乾燥時間設定在 90 秒，硬化劑的量設定在 33g 進行實驗。接著，為了調查有多少的變異時，不良品會發生，讓原料的種類、硬化劑的量、乾燥時間分別改變。硬化劑的量，除 33g 外，再設定 30g 與 36g。乾燥時間除 90 秒外，也設定在 85 秒與 95 秒。

　　像這樣，包含著最想確認的條件再加減多少以內使其改變是任意的。實驗者利用有關製造的專門知識來決定。不含 33g，只以 30g 與 36g 進行實驗也是可能的，因之也可以減少 27 次的實驗次數。

　　且說，假設如果正確時，以實驗號碼的 1、2、3、4、5、6、7、8、9 的條件加以製造的產品，全部均為良品。因為所有的原料均使用 A 在製造的緣故。以及，以實驗號碼的 13、14、16、17、22、23、25、26 所製造的產品，全部也應該是良品。如果可以得出如此預料的結果時，以決策樹所發現的要因可以確認是真正的要因。

　　假定已確認了是否是真正的要因。接著是對策。發現要因的作業，是為了採取對策減少不良品而進行的，因之於此結束是毫無意義的。問題如果不解決，不管是資料探勘或是統計解析，毫無價值可言。可以考慮到何種的對策呢？

　(1)中止原料 B 與 C 的使用，只以 A 製造。

　(2)原料如以往使用 A、B、C 3 種，但使用 B 與 C 時，強化硬化劑的量與乾燥時間的管理，監視硬化劑的量要在 33g 以上，乾燥時間在 90 秒以下。

　　此兩個方案是否可以考量呢？簡單的方法是 (1)。可是，實際上如採取此種對策，不是很難嗎？原本是使用 3 種原料，應有相當的理由才行（譬如，與原料公司的交往）。像原料 A 的價格高，如使用 B 與 C 可以降低成本，如有此類話題時，(1) 的決策是不易採取的。因此，如果可能的話，採 (1)，如果不可行的話，就會採取 (2) 的對策吧。

5-13 尋找不良品發生的原因(3)

■ 追究看不見的原因

此次，再次回到決策樹想從其他的角度觀察。利用決策樹最終出現 4 個群。

節點 1：以原料 A 製造的產品群。
節點 4：以原料 B 或 C 製造，乾燥時間在 91 秒以上的產品群。
節點 5：以原料 B 或 C 製造，乾燥時間在 90 秒以下，
　　　　硬化劑的量在 32g 以下的產品群。
節點 6：以原料 B 或 C 製造，乾燥時間在 90 秒以下，
　　　　硬化劑的量在 32g 以上的產品群。

至目前為止，一直注視著節點 1 與節點 6 之中不存在不良品，但在節點 4 與 5 之中，想著眼於良品與不良品之存在。良品與不良品之混合存在，並非全部均為不良品，也是有製造良品。聽起來似乎是說些理所當然的事情，但此處卻是重點。即使乾燥時間在 91 秒以上，也有一半出現良品。正是散布圖上半部的領域。

原料 B、C 中硬化劑的量與乾燥時間

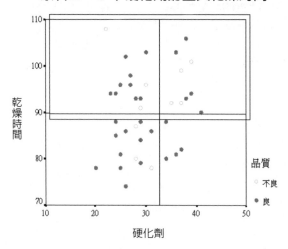

在此領域中，不管硬化劑的量是多少的值，良品與不良品因為以相同的的程度發生，所以硬化劑的量是沒有關係的，那麼，為何良品與不良品會出現呢？答案從此次的資料無法知道。可是，只要不將此處澄清，就無法控制不良品發生的原因。從此開始並非取決於資料探勘，而是取決於觀察力的勝負。良品與不良品的何處是不同的呢？在何種時候出現不良品，何種時候出現良品呢？只有從變異性去解開問題。

結果（良品或不良品）有變異，是因爲產生結果的過程出現變異。從過程中找出變異的原因後，如果不去進行確認要因的作業，問題是無法解決的。雖然是假想的例子，但具體來說，可製作如下的表格去發現。

要因備選 1	要因備選 2	要因備選 3	要因備選 4	結果
○	○	○	○	○
×	○	○	○	○
○	○	○	○	○
×	○	○	○	○
○	○	○	×	○
×	○	○	○	○
○	○	○	○	○
×	○	×	×	×
×	○	×	○	×
×	○	×	×	×
×	○	×	○	×
○	○	×	×	×
○	○	×	×	×
×	○	×	○	×

如能做出此種表時，即可發現出可能原因 3 是讓結果出現變異的原因。最後，有需要從變異去控制原因。

結果（良品或不良品）有變異，是因爲產生結果的過程出現變異。從過程中找出變異的原因後，如果不去進行確認要因的作業，問題是無法解決的。

5-14 決策樹CHAID與CART的判別結果的不同

■ 決策樹CHAID與CART的判別結果的不同

以下提示針對相同的資料改變決策樹的種類後所判別的數值例。請比較看看。

＜數值例 1 ＞

考察以 X1 與 X2 兩個變數判別群。先顯示散布圖如下。資料表揭載於下頁。

以 A 與 B 所層別的散布圖

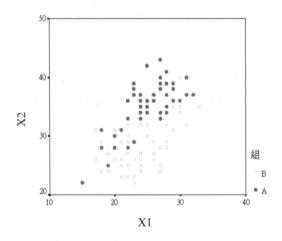

將此資料利用以下的兩種決策樹所分析的結果表示於後頁。

(1) CHAID

(2) CART

no	x1	x2	組	no	x1	x2	組
1	15	22	1	31	26	37	1
2	20	28	1	32	25	35	1
3	20	30	1	33	25	34	1
4	19	25	1	34	31	37	1
5	18	28	1	35	25	35	1
6	21	31	1	36	28	35	1
7	18	31	1	37	25	42	1
8	22	33	1	38	28	41	1
9	24	34	1	39	27	43	1
10	25	34	1	40	23	38	1
11	27	33	1	41	24	37	1
12	24	33	1	42	29	38	1
13	23	37	1	43	30	36	1
14	22	28	1	44	28	37	1
15	22	36	1	45	31	40	1
16	24	34	1	46	27	38	1
17	25	36	1	47	27	39	1
18	23	29	1	48	28	34	1
19	29	36	1	49	32	37	1
20	24	35	1	50	28	39	1
21	29	38	1	51	19	24	2
22	26	36	1	52	17	26	2
23	27	34	1	53	23	23	2
24	28	34	1	54	23	26	2
25	23	39	1	55	21	25	2
26	28	39	1	56	20	26	2
27	24	36	1	57	24	26	2
28	29	39	1	58	27	25	2
29	27	40	1	59	24	27	2
30	25	34	1	60	23	22	2

no	x1	x2	組	no	x1	x2	組
61	21	26	2	91	25	32	2
62	21	23	2	92	27	33	2
63	23	26	2	93	30	34	2
64	20	31	2	94	31	32	2
65	22	29	2	95	29	35	2
66	21	29	2	96	28	28	2
67	19	27	2	97	30	35	2
68	24	25	2	98	28	32	2
69	22	23	2	99	30	40	2
70	27	28	2	100	33	35	2
71	18	29	2				
72	23	26	2				
73	22	25	2				
74	29	31	2				
75	18	24	2				
76	22	27	2				
77	27	24	2				
78	17	31	2				
79	23	29	2				
80	26	26	2				
81	25	30	2				
82	22	30	2				
83	28	29	2				
84	22	32	2				
85	24	32	2				
86	29	35	2				
87	26	27	2				
88	26	29	2				
89	27	33	2				
90	24	24	2				

利用 CHAID 的決策樹

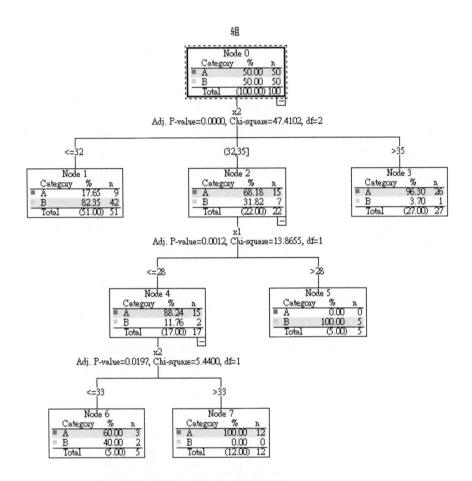

組

Node 0
Category	%	n
■ A	50.00	50
■ B	50.00	50
Total	(100.00)	100

x2
Adj. P-value=0.0000, Chi-square=47.4102, df=2

<=32

Node 1
Category	%	n
■ A	17.65	9
■ B	82.35	42
Total	(51.00)	51

(32,35]

Node 2
Category	%	n
■ A	68.18	15
■ B	31.82	7
Total	(22.00)	22

>35

Node 3
Category	%	n
■ A	96.30	26
■ B	3.70	1
Total	(27.00)	27

x1
Adj. P-value=0.0012, Chi-square=13.8655, df=1

<=28

Node 4
Category	%	n
■ A	88.24	15
■ B	11.76	2
Total	(17.00)	17

>28

Node 5
Category	%	n
■ A	0.00	0
■ B	100.00	5
Total	(5.00)	5

x2
Adj. P-value=0.0197, Chi-square=5.4400, df=1

<=33

Node 6
Category	%	n
■ A	60.00	3
■ B	40.00	2
Total	(5.00)	5

>33

Node 7
Category	%	n
■ A	100.00	12
■ B	0.00	0
Total	(12.00)	12

實際的類別

被判別的類別		A	B
	A	41	8
	B	9	42

正解率 83%
誤判率 17%

利用 CART 的決策樹

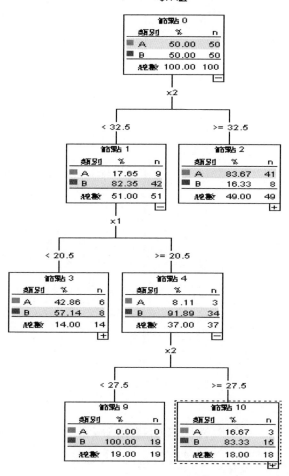

實際的類別

被判別的類別		A	B
	A	41	8
	B	9	42

正解率 83%
誤判率 17%

兩個決策樹的判別角度雖然偶而會一致，但不一定經常會一致。

<數值例 2 >

no	x1	x2	組	no	x1	x2	組
1	1	156	1	32	6	148	2
2	1	153	1	33	7	145	2
3	2	176	1	34	3	148	2
4	2	174	1	35	4	137	2
5	3	190	1	36	5	146	2
6	4	205	1	37	6	145	2
7	4	202	1	38	7	146	2
8	5	202	1	39	3	142	2
9	5	205	1	40	4	127	2
10	6	197	1	41	5	164	2
11	6	206	1	42	6	131	2
12	7	195	1	43	7	124	2
13	7	196	1	44	3	137	2
14	8	176	1	45	4	156	2
15	8	174	1	46	5	151	2
16	9	154	1				
17	9	154	1				
18	10	132	1				
19	10	132	1				
20	11	95	1				
21	11	100	1				
22	12	54	1				
23	12	60	1				
24	3	140	2				
25	4	145	2				
26	5	132	2				
27	6	160	2				
28	7	152	2				
29	3	148	2				
30	4	133	2				
31	5	129	2				

以 A 與 B 所層別的散布圖

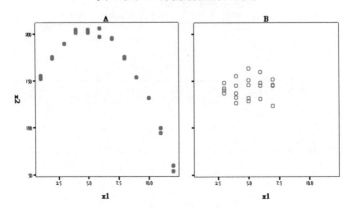

以往的統計手法是不易判別的類型。請看以決策樹是如何被判別的呢？

利用 CHAID 的決策樹

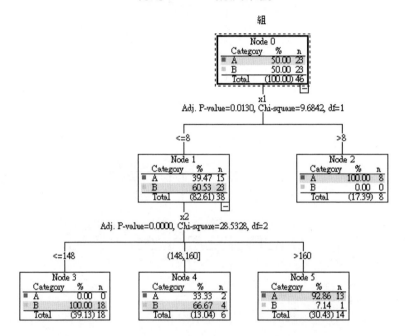

被判別的類別	實際的類別	A	B
	A	21	1
	B	2	22

正解率 93%
誤判率 7%

利用 CART 的決策樹

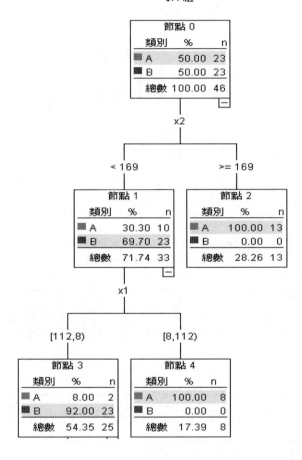

$R-組

實際的類別

		A	B
被判別的類別	A	21	0
	B	2	23

正解率 98%
誤判率 2%

可以判斷出最初的分歧變數在 **CHAID** 與 **CART** 是不同的。

Note

5-15 誤判別

■ 多數決與誤判別

最後想談一談誤判別。今假定判別 A 群與 B 群是使用決策樹。此時，最終節點之中，假定有「A 有 8 個，B 有 10 個」的節點。屬於此節點的 18 個對象，利用多數決的邏輯，判別全部是 B。

此判別方法以直覺來看或許覺得粗劣。可是，這是沒辦法的。的確，屬於此節點的 18 個中，有 8 個是誤判。即使覺悟有如此的誤判，是否仍當作判別規則使用呢？或以超過容許範圍而不使用判別規則呢？即為選擇的問題。如只注視此節點時，儘管誤判多，但以整體來說如果少時，此處的誤判當作不得已，而使用判別規則，另外，以整體來說如果多時，就不能使用判別規則，提出如此的結論。

以實務上的一個方法來說，當某個節點的 A 與 B 之比率大約 50% 左右時，不提出 A 或 B 的結論，也可考慮採取保留的態度。

當某個節點的 A 與 B 之比率大約 50% 左右時，不提出 A 或 B 的結論，也可考慮採取保留的態度。

第6章
預測分析

6-1 預測結果

■ 以迴歸分析預測結果

　　預測分析是分析資料並建置分析模型以預測未來結果，爲組織找出潛在風險並發掘商機。

〔例題 6-1〕

　　以下的資料是以咖啡店中的每日顧客人數與該日的最高氣溫成對地記錄 6 日間的結果。試預測第 7 日的顧客人數。

日	氣溫（℃）	人數
1	30	60
2	31	62
3	32	64
4	33	66
5	34	68
6	35	70
7	32	（　）

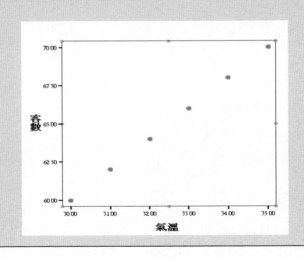

　　從氣溫與顧客人數的圖形來看，（　）內列入 64 想來是合理的吧。因爲，如將氣溫放大 2 倍時，就成爲顧客的人數了。

　　如將氣溫當作 X，顧客人數當作 Y 時，即有如下的關係。

$$Y = 2X$$

那麼，試著考慮以下的例題看看。

〔例題 6-2〕

　以下的資料是以咖啡店中的每日顧客人數與每日的最高氣溫成對地記錄 6 日間的結果。試預測第 7 天的顧客人數。

日	氣溫（℃）	人數
1	30	52
2	31	63
3	32	63
4	33	70
5	34	87
6	35	81
7	32	（　）

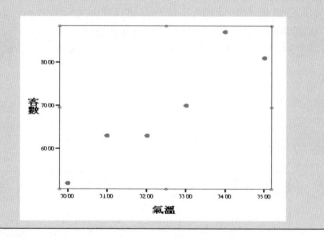

此例題突然間變得棘手。如觀察圖形時，並非整齊地排列在直線上。

此種例題無法以心算求解。實際上可以使用稱爲迴歸分析的手法。

將氣溫當作 X，顧客人數當作 Y，利用迴歸分析時，即可導出如下的關係式，

$$Y = -138.67 + 6.4X$$

當 X=32 時，使用此式預測 Y 的值時，即爲：

$$Y = -138.64 + 6.4*32 = 66.13$$

因此，（　）內塡入 66.13。因爲是人數，所以可以想成 66 人。

6-2 迴歸式的建立方法(1)

■ 迴歸式的建立方法

被稱爲迴歸分析的統計手法，是預測的代表性工具，在資料探勘中有效地加以使用。迴歸分析有許多種，例題 6-2 的式子是利用最簡單的**單迴歸分**析法所求出者。

想要求的式子以如下來表示：

$$Y = b_0 + b_1 X$$

決定此式的 b_0、b_1 之値是單迴歸分析的目的。b_0 稱爲常數項，b_1 稱爲偏迴歸係數，整個式子稱爲迴歸式。另外，想預測的 Y 稱爲目的變數，用於預測的 X 稱爲說明變數。以例題 6-2 來說，氣溫是說明變數，想預測的顧客人數是目的變數。單迴歸分析請想成說明變數是 1 個時的迴歸分析。

那麼，要如何決定 b_0 與 b_1 之値呢？因爲是想以迴歸式預測 Y，所以所預測的 Y 値與實際的 Y 値儘可能地接近之下來決定是可以理解的吧。

因此，利用迴歸式所求出的 Y 値以 Y_h 表示。第 1 個預測値當作 Y_{h1}，第 i 個數値的預測値當作 Y_{hi}。Y_{hi} 可以用如下式子表示。

$$Y_{hi} = b_0 + b_1 X_i$$

如使用例題 6-2 的資料時，變成如下。

氣溫 x	人數的預測值 y
30	$b_0 + b_1 \times 30$
31	$b_0 + b_1 \times 31$
32	$b_0 + b_1 \times 32$
33	$b_0 + b_1 \times 33$
34	$b_0 + b_1 \times 34$
35	$b_0 + b_1 \times 35$

（所預測的 Y 値 Y_{hi}）與（實際的 Y 値 Y_i）之差即爲（$Y_{hi} - Y_i$）。在統計學的世界中，（$Y_{hi} - Y_i$）稱爲**殘差**。

殘差可以由各個資料分別求出。儘可能使此殘差成爲最小之下決定 b_0、b_1 之値即爲迴歸分析。只有一個殘差小是沒有意義的。譬如，上表的氣溫在 30 時，如想使殘差成爲 0，可將 b_0 當作 0，b_1 當作 1，但如此一來，其他的氣溫的殘差就會變大。因此，殘差整體要儘可能地小來決定 b_0 與 b_1 之値。

使殘差整體變小，可以想成使殘差的合計變小。可是，殘差有正與負，如合計時正

負就會抵消，自動地就會變小。因此，將殘差的絕對值或殘差的平方值合計之後的值使之變小來作爲討論的話題。

迴歸分析是將殘差平方後使合計之值成爲最小來決定 b_0、b_1 之值。此種的方法論稱爲**最小平方法**。

■ **表示迴歸式的可信度之標準差與貢獻率**

由此轉移到實務的話題。例題 6-2 是利用迴歸分析建立如下的迴歸式，以預測顧客人數。

$$Y = -138.64 + 6.4X$$

此迴歸式可以信賴嗎？有助於預測的程度有多少？從此面去考察所得到的迴歸式對預測是否有幫助。

所得到的迴歸式是否有幫助，以使用此式所預測之值，與實際之值是否接近來判斷。當顧客人數是 10 人時，以該式預測時出現 100 人的話，迴歸式是不能使用的。那麼，以上述的迴歸式預測顧客的人數看看。

日	氣溫	人數	人數預測值	實際－預測＝殘差
1	30	52	53.33	−1.33
2	31	63	59.73	3.27
3	32	63	66.13	−3.13
4	33	70	72.53	−2.53
5	34	87	78.93	8.07
6	35	81	85.33	−4.33

如觀察各個殘差時，知有非常適配的日子（第 1 日），也有非常不適配的日子（第 5 日）。以整體來看時，並非注意殘差的平均值（殘差的平均值總是成爲 0），而是注意殘差的變異。變異可以用標準差來看。在本例中殘差的標準差是 5.03（此計算交給電腦）。此數值的解釋，可以看成平均來說有 ±5.03（人）左右的誤差。此數值愈小，式子的預測精確度愈高。

雖說愈小愈好，但實際上只要不是人爲所製作的數據，大概不會成爲 0。5.03 的數值是看成大呢（預測精確度差）？還是看成小呢（預測精確度佳）？取決於想使用此迴歸式來預測的人，要以多少的精確度來應用，因之在判斷上即有所不同。如果只能容許 ±2（人）左右的誤差時，此式即無法使用，如果是能允許 ±10（人）左右的誤差時，那麼此式即可使用。

此處所出現的殘差標準差，是觀察迴歸式的預測精確度甚爲重要的數值，請記住爲宜。

迴歸分析中出現有另一重要的數值，此稱爲貢獻率（判定係數）的數值，這是說明 Y 的變動中有多少 % 能用 X 來說明。本例得出 0.86 的數值，這是說明 Y 的變動中有

86% 能以 X 來說明。如果能夠得到 1 的值，意謂 100% 能夠說明，亦即得出最佳的式子。與殘差的話題相同，實際上無法得到貢獻率 1 的迴歸式。它畢竟是一個指標，如果用於預測，希望是 0.7 以上。貢獻率經常是使用 R^2 的記號。

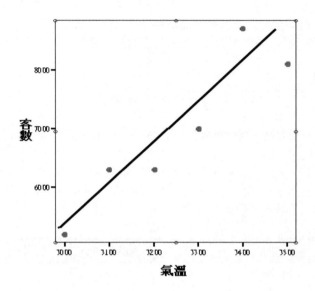

Note

6-3 迴歸式的建立方法(2)

■ 形成複雜變動的資料以曲線迴歸來預測

〔例題 6-3〕

以下的資料，是為了增加某健康食品每 1000mg 的蛋白含量 Y（mg）所進行的實驗結果。要增加 Y，得知某藥品的添加是有效的。此實驗是改變添加量 X（mg），調查蛋白質的含量是如何地在改變。

請預測 X = 8.5 時的 Y 值。

x	y
1	80
2	115
3	112
4	104
5	108
6	91
7	83
8	94
9	132
10	178
8.5	（　）

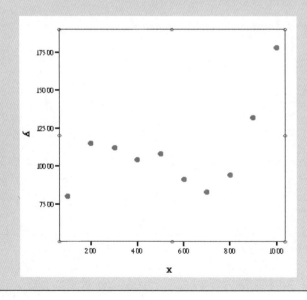

此與例題 6-2 有甚大不同之處。此即對 X 的變化來說，Y 並非是直線式地變化。
首先，勉強地設想如下的式子看看。

$$Y = b_0 + b_1 X$$

此種式子稱為 1 次式，可以適配直線。因此，應用在此例題的資料時，只要觀察
圖形，似乎並不很恰當。儘管如此，仍勉強地進行單迴歸分析時，可以得出如下的結
果。

直線的適配

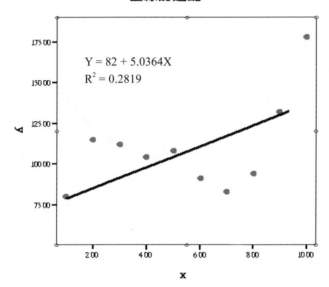

迴歸式是：

$$Y = 82 + 5.0364X$$

貢獻率是 28.19%（0.2819）。如所預料的，儘管適配直線，仍是不很恰當。
因此，直線如果不行時，試考察適配曲線看看。迴歸分析中可能設想如下的式子。

$$Y = b_0 + b_1 X^1 + b_2 X^2 + b_3 X^3 + \cdots + b_p X^p$$

求此種迴歸式的分析稱為曲線迴歸，特別是設想如上式的多項式時稱為多項式迴
歸。要設想成幾次式，取決於資料背後的專門知識或觀察圖形後的結果而定。此例題
似乎可以設想成 3 次式。

因此,試適配 3 次式看看。此外,在此之前也先看一下適配 2 次式的情形。
如設想如下的迴歸式時,

$$Y = b_0 + b_1X^1 + b_2X^2$$

可得出如下的結果。

2 次曲線的適配

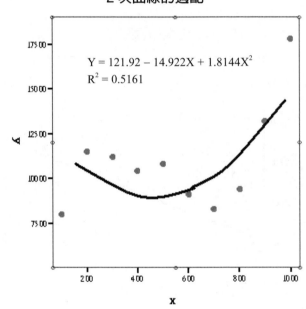

$$Y = 121.92 - 14.922X + 1.8144X^2$$
$$R^2 = 0.5161$$

迴歸式是:

$$Y = 121.92 - 14.922X + 1.8144X^2$$

如觀察貢獻率時,它是 51.61%(0.5161)。雖然比適配直線時貢獻率提高了,但還
不能滿意。那麼,試適配 3 次式看看。

3 次曲線的適配

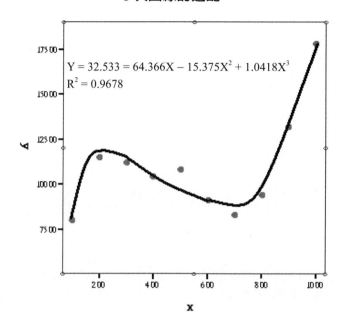

$$Y = 32.533 = 64.366X - 15.375X^2 + 1.0418X^3$$
$$R^2 = 0.9678$$

迴歸式是：

$$Y = 32.533 + 64.356X - 15.375 X^2 + 1.0418 X^3$$

如觀察貢獻率時，它是 96.78%（0.9678）。觀察圖形，可以得知點與曲線非常適配。

如本例題那樣，即使以 1 次式無法預測 Y 值，如當成曲線時，有時卻可以預測。儘管說利用 1 次式無法順利預測，就判斷說 X 對 Y 的預測沒有幫助是有些操之過急。

■ 如果加大次數貢獻率雖接近1，但是…

例題 6-3 如果使用 3 次式時，得知可以使預測順利進行。事實上如果再變成 4 次式、5 次式地增加次數時，貢獻率的數值就會慢慢地變大。隨著次數 P 接近資料數，貢獻率即接近 1。並且，P =（資料數 –1）時，貢獻率變成 1。譬如，資料數是 5 個時，如適配 4 次式，即成為下圖。

所有的資料均在曲線上，點與曲線完全適配，所以發生貢獻率等於 1 的現象。

1 次式的適配與 4 次式的適配

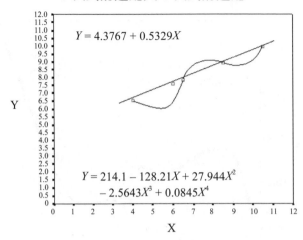

$$Y = 4.3767 + 0.5329X$$

$$Y = 214.1 - 128.21X + 27.944X^2 - 2.5643X^3 + 0.0845X^4$$

　　觀察圖形的迴歸式時，1 次式的貢獻率是 0.7268，相對地，4 次式的貢獻率是 1，所以覺得 4 次式比 1 次式的預測精確度佳。可是，4 次式的貢獻率 1 是理所當然的現象，認為是了不起的預測精確度是不行的。

　　像此種情形，對於圖形上的 5 點來說，4 次式比 1 次式可正確預測 Y 值是事實，但是自第 6 點以後，當取得了新的 X 的資料時，即使使用此迴歸式預測 Y 值，也無法保證恰當。本質上只要不成為 4 次式的構造，想成不恰當或許是比較好的。

　　即使是無意義的次數，如果增加次數時，貢獻率卻有增高的性質，所以進行迴歸分析時，不要只以貢獻率來判斷式子的有效性。

　　迴歸分析可以設想各種的曲線。以下以 2 個圖形來說明。

近似對數例　　　　　　　　近似指數例

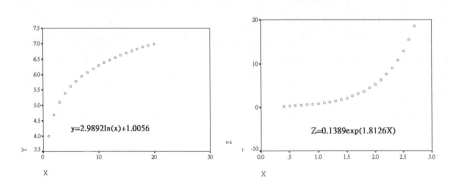

$$y = 2.9892\ln(x) + 1.0056$$

$$Z = 0.1389\exp(1.8126X)$$

Note

6-4 預測比率時利用Logistic迴歸

■ 預測比率時利用Logistic迴歸

〔例題 6-4〕

爲了提高意見調查的回答率，提供獎品或獎賞也是方法之一。

因此，讓獎品數增加時，調查回答率如何發生變化，即爲以下資料。

獎品數有 5 個時，請預測回答率。

贈品數	發信數	回答數	回答率
1	500	55	0.11
2	400	48	0.12
3	300	39	0.13
4	200	36	0.18
6	300	75	0.25
7	500	175	0.35
8	600	276	0.46
9	400	196	0.49
10	500	255	0.51
5			（　）

　　本例題的重點在於想預測的數值是比率。今將獎品數以 X 表示，回答率以 Y 表示。此處，設想如下的迴歸式：

$$Y = b_0 + b_1 X$$

　　進行單迴歸分析是不適當的。因爲，回答率 Y 是比率，必定是在 0 與 1 之間，如使用單迴歸分析所得到的式子來預測時，會出現 –1.3（–30%）或 1.2（120%）之類並不實際存在的數值當作預測值。

　　像這樣，想預測的數值是比率時，利用第 5 章曾出現的羅吉斯（Logistic）迴歸。Logistic 迴歸不只是判別的問題，預測比率時也可利用。

贈品數與回答率的散布圖如下。

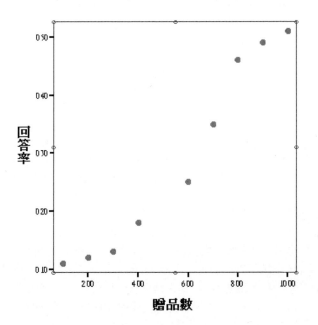

在獎品 X 與回答率 Y 之間，設想如下的迴歸式者，正是 Logistic 迴歸。

$$Y = 1/(1 + e^{-(b0+b1X)})$$

如設想此種式子時，Y 經常是在 0 與 1 之間。
實際上如應用 Logistic 迴歸時，可得出如下的迴歸式。

$$Y = 1/(1+e^{-(-2.505+0.269X)})$$

使用此迴歸式，預當 X = 5 時，Y 是多少。

$$Y = 1/(1 + e^{-(-2.505+0.269X)})$$
$$= 1/(1 + e^{-(1.16)}) = 0.239$$

回答率可以預測出是 23.9%。如回答率如果達不到目標的回答率時，就要檢討增加獎品數的對策。當然，會有預測誤差，無法保證實際上是 23.9%，但預測精確度愈高，愈是可以參考的數值。

附帶一提，除 X 之值是 5 以外的情形，也同樣進行，預測的結果表示在下頁的表中。

贈品數	實際回答率	預測回答率
1	0.11	0.097
2	0.12	0.123
3	0.13	0.155
4	0.18	0.193
6	0.25	0.291
7	0.35	0.349
8	0.46	0.413
9	0.49	0.479
10	0.51	0.546

　　與單迴歸分析一樣，有需要檢討此式可以信賴到什麼程度。Logistic 迴歸與簡單迴歸的情形不同，貢獻率不太作為參考。貢獻率的計算方法雖然是原因所在，但會出現很低之值。

　　以 Logistic 迴歸預測比率時，要斟酌「實際的比率之值」與「所預測的比率之值」的散布圖，或「實際的比率之值」與「所預測的比率之值」的相關係數的平方。相關係數的平方值愈接近 1，即判斷預測得當。0.7 以上是希望的數值。本例題計算出 0.9726，可以判斷預測精確度高。

　　Logistic 迴歸與平常的迴歸分析一樣，被列在許多的統計軟體或資料探勘工具中。不管是判別的問題或是預測比率的問題都能應用的相當方便的統計手法，不要認為是迴歸分析的特殊例子且甚少使用，最好要多加活用。

Note

6-5 數個變數的情形

■ 有數個變數時利用複迴歸分析

　　目前為止，不管是直線迴歸、曲線迴歸、Logistic 迴歸，均以 1 個說明變數來預測目的變數 Y。此後則要介紹以數個說明變數預測 Y 值之方法。

迴歸的形式有許多，可視目的選用。

〔例題 6-5〕

以下的資料是有關某便利商店的銷售收入。

> Y：平均銷售收入（百萬元）
> X1：週邊人口（千人）
> X2：週邊商店數（店）
> X3：雜誌種類數（個）
> X4：食品品目數（個）

店號	x1	x2	x3	x4	y
1	27	21	27	63	33
2	16	28	11	44	10
3	25	12	20	51	24
4	20	27	26	59	52
5	17	26	34	49	40
6	27	25	20	60	53
7	32	30	32	56	68
8	39	35	17	50	42
9	25	20	26	40	40
10	17	22	32	38	36
11	31	30	35	70	76
12	23	28	26	63	79
13	26	37	39	63	64
14	41	28	35	57	86
15	29	27	28	50	46
16	33	42	39	59	63
17	30	26	31	68	55
18	33	32	42	62	79
19	39	35	31	58	76
20	23	36	28	62	69

試預測第 21 家店鋪的銷售收入 Y。

此例題是考察使用 X1、X2、X3、X4 之值來預測 Y 值的情形。首先，試求出以
X1 預測 Y 的迴歸式，得出如下結果。

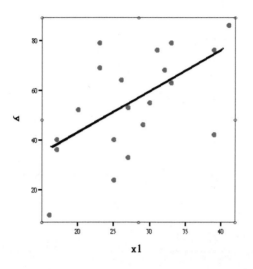

迴歸式 $Y = 9.606 + 1.625 \times 1$
（貢獻率 = 0.3325，殘差的標準差 = 17.272）

貢獻率是 33.3%，似乎以 X1 預測 Y 的精密度並不高。以下，同樣分別求出以
X2、X3、X4 預測 Y 的迴歸式。各圖形表示如下。

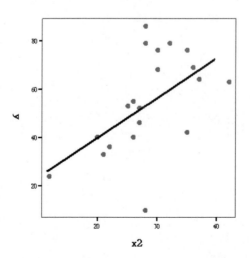

迴歸式 $Y = 7.7519 + 1.6507 \times 2$
（貢獻率 = 0.2996，殘差的標準差 = 17.693）

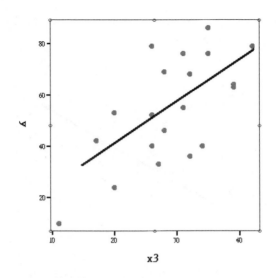

迴歸式　Y = 3.7525 + 1.7547×3
（貢獻率 = 0.4420，殘差的標準差 = 15.792）

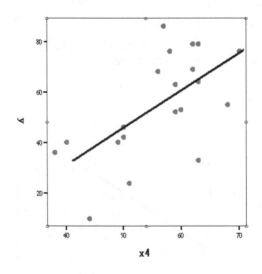

迴歸式　Y = −29.302 + 1.4947×4
（貢獻率 = 0.4076，殘差的標準差 = 16.272）

不管使用哪一變數，貢獻率均不滿 50%，似乎預測 Y 的精確度均不高。

因此，如果個別地使用 1 個說明變數並不理想時，全部一起使用，即稱之爲複迴歸分析的手法。

複迴歸分析是假想如下的迴歸式。

$$Y = b_0 + b_1X_1 + b_2X_2 + b_3X_3 + b_4X_4$$

為了可以精確度高地預測 Y 值，決定 b_0、b_1、b_2、b_3、b_4 之值即為複迴歸分析的目的。與單迴歸分析不同的是，它的說明變數有 2 個以上。

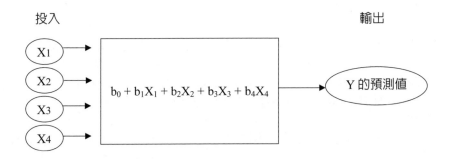

針對例題 6-5 的資料，應用複迴歸分析時，得出如下的結果。

$$Y = -53.506 + 0.795X_1 + 0.476X_2 + 1.038X_3 + 0.758X_4$$
（貢獻率 = 0.7172，殘差的標準差 = 12.314）

如使用 4 個變數時，知貢獻率已提高不少。並且，顯示預測精確度的殘差標準差也變小。試使用所得到的迴歸式預測第 21 家店鋪的銷售收入看看。

$$X1 = 30, \ X2 = 35, \ X3 = 25, \ X4 = 50$$

銷售收入 Y 可以預測為：

$$Y = -53.506 + 0.795 \times 30 + 0.476 \times 35 + 1.038 \times 25 + 0.758 \times 50$$
$$= 50.86$$

然而，複迴歸分析也發生與前面的多項式迴歸相同的現象，如愈增加說明變數的個數，與是否有助於預測目的變數 Y 無關，貢獻率之值愈接近 1。

在有大量資料的資料探勘的世界裡，雖然不需要太介意，儘管如此，使用 3 個變數與使用 4 個變數時，考慮哪一個迴歸式較為有效的情形是有的，因之最好記住增加變數，貢獻率會自動增加的性質。

基於這些事項，比較數個迴歸式，討論哪一個迴歸式當作預測式較為有效時，重點應放在預測精確度（殘差的標準差）甚於貢獻率。

6-6 驗證

■ 驗證迴歸式

且說，如果得出殘差小亦即預測精確度高的迴歸式時，最後剩下的就是驗證的作業。雖然是在第 5 章的決策樹中出現過的議題，但由於在資料探勘中是一重要的作業，因之想再次談談。

以實施迴歸分析所得到的迴歸式預測目的變數 Y 之值時，就建立式子所使用的資料而言，預測得當是理所當然的。因為，關於手中的資料，是儘可能可以適切預測之下所求出的迴歸式。因此，判定是否真的有助於預測，要針對未使用在迴歸分析的資料預測目的變數 Y 之值，再判定是否與實際的 Y 值相接近。此作業稱為驗證。

為了驗證，需要有驗證用的資料。驗證用資料是當實施迴歸分析時，不用掉所有的資料，先留下驗證用的部分。如例題 6-5 資料數少時，並無此寬裕。即使全部使用似乎也為數甚少，可是，在資料探勘的現場中，由於有大量的資料，所以留下驗證用的資料是可能的。將資料分成迴歸式的建立用（學習用）與迴歸式的驗證用，是資料探勘的特徵。

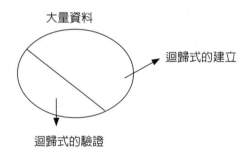

為了可以掌握此印象，勉強就資料不多的例題 6-5 執行看看。

首先，將 20 家店鋪，隨機分成迴歸式的建立用與驗證用。如果有大量資料時，分成各半也行，但因為資料少，所以隨機選出驗證用 5 家，剩下的 15 家資料，則作為迴歸式的建立之用。

（迴歸式的驗證用）

店號	X1	X2	X3	X4	Y
2	16	28	11	44	10
7	32	30	32	56	68
12	23	28	26	63	79
17	30	26	31	68	55
19	39	35	31	58	76

（迴歸式的建立用）

店號	X1	X2	X3	X4	Y
1	27	21	7	63	33
3	25	12	20	51	24
4	20	27	26	59	52
5	17	26	34	49	40
6	27	25	20	66	53
8	39	35	17	50	42
9	25	20	26	40	40
10	17	22	32	38	36
11	31	30	35	70	76
13	26	37	39	63	64
14	41	28	35	57	86
15	29	27	28	50	46
16	33	42	39	59	63
18	33	32	42	62	79
20	23	36	28	62	69

首先，使用建立用資料，求迴歸式時，迴歸式得出如下：

$$Y = -47.417 + 0.818X_1 + 0.443X_2 + 1.047X_3 + 0.624X_4$$
（貢獻率 = 0.7316，殘差的標準差 = 11.358）

其次，使用上記的迴歸式，預測驗證用資料的 Y 值。

店號	X1	X2	X3	X4	Y	Y 的預測值
2	16	28	11	44	10	17.13
7	32	30	32	56	68	60.60
12	23	28	26	63	79	54.45
17	30	26	31	68	55	63.65
19	39	35	31	58	76	68.75

　如此一來，即可比較實際的 Y 與所預測的 Y，且可斟酌迴歸式的信賴度。在實際的資料探勘場合中，由於驗證用的資料也為數甚大，因之，並非一個一個地斟酌殘差，而是將殘差的標準差或殘差的絕對值的平均值當作預測精確度來計算，檢討是否達到所希望的預測精確度。

6-7 質變數混在一起的情形

■ 質變數混在一起的複迴歸分析的方法

〔例題 6-6〕

以下的資料是在例題 6-5 中追加有無停車場的資料。

X5：停車場的有無（ 無＝A，有＝B ）

店號	x1	x2	x3	x4	x5	y
1	27	21	27	63	A	33
2	16	28	11	44	A	10
3	25	12	20	51	A	24
4	20	27	26	59	A	52
5	17	26	34	49	A	40
6	27	25	20	60	A	53
7	32	30	32	56	A	68
8	39	35	17	50	A	42
9	25	20	26	40	A	40
10	17	22	32	38	A	36
11	31	30	35	70	B	76
12	23	28	26	63	B	79
13	26	37	39	63	B	64
14	41	28	35	57	B	86
15	29	27	28	50	B	46
16	33	42	39	59	B	63
17	30	26	31	68	B	55
18	33	32	42	62	B	79
19	39	35	31	58	B	76
20	23	36	28	62	B	69
21	30	35	25	50	B	

試預測第 21 家店鋪的銷貨收入 Y。

　　包含有像停車場之有無的質變數，是此資料的特徵。像這樣，在說明變數之中即使包含有質變數，也能利用複迴歸分析求迴歸式。

　　在數理上，當停車場是無時，設為 0，有時，設為 1，即可實施複迴歸分析。只用

此種 0 與 1 所表現的變數稱為虛擬變數。像本例題質變數的內容有 2 種時，可將一方設為 0，另一方設為 1，但像（假日、假日前後、其他）內容有 3 種時，可如下引進 2 個虛擬變數，均只以 0 與 1 來表現。

	X51	X52
假日	1	0
假日前後	0	1
其他	0	0

一般來說，質變數的內容有 n 種時，使用（n–1）個虛擬變數，將 n 種之中的某一種當作（0, 0,⋯, 0），全部以 0 表現，其他的種類分別像（1, 0, 0,⋯, 0）、（0, 1, 0,⋯, 0）那樣來表現。此作業相當麻煩，但大部分的統計軟體或資料探勘工具，都可自動地實施此處理。

那麼，將先前的資料以虛擬變數表現時，即可形成如下頁的資料表。例題 6-6 是針對此資料實施複迴歸分析。在實施複迴歸分析之前，先以圖形觀察停車場之有無是否與銷貨收入有關。此時，盒形圖是有幫助的。

由盒形圖知停車場之有無在銷貨收入上是有差異的。

那麼，包含質變數 X5 在內，進行複迴歸分析看看。結果，可得出如下的迴歸式。

$$Y = -34.603 + 0.710X_1 + 0.286X_2 + 0.841X_3 + 0.576X_4 + 0 \quad \leftarrow A$$
$$+ 9.523 \leftarrow B$$

（貢獻率 = 0.741，殘差的標準差 = 12.208）

這是將 X5 忽略後，以下記的迴歸先預測 Y：

$$Y = -34.603 + 0.710X_1 + 0.286X_2 + 0.841X_3 + 0.576X_4$$

當停車場無時，再加上 0（亦即維持原狀），當停車場有時，再加上 9.523，再求出 Y 的預測值。

如使用此式預測第 21 家店鋪時，各說明變數之值是：

$$X1 = 30, \ X2 = 35, \ X3 = 25, \ X4 = 50, \ X5 = 13$$

所以銷貨收入 Y 被預測為：

$$Y = -34.603 + 0.710 \times 30 + 0.286 \times 35 + 0.841 \times 25 + 0.576 \times 50 + 9.523$$
$$= 56.06$$

像這樣，複迴歸分析即使說明變數包含有質變數也沒關係一事也請記住為宜。事實上豈止包含一部分，即使所有的說明變數均為質變數也是可以的。此種類型在日本稱為**數量化理論 I 類**。數量化理論的用語，在資料探勘的世界中並未出現，但在統計解析的世界中是有名的手法。數量化理論 I 類與使用虛擬變數的複迴歸分析是相同的。

店號	x1	x2	x3	x4	x5	y
1	27	21	27	63	A	33
2	16	28	11	44	A	10
3	25	12	20	51	A	24
4	20	27	26	59	A	52
5	17	26	34	49	A	40
6	27	25	20	60	A	53
7	32	30	32	56	A	68
8	39	35	17	50	A	42
9	25	20	26	40	A	40
10	17	22	32	38	A	36
11	31	30	35	70	B	76
12	23	28	26	63	B	79
13	26	37	39	63	B	64
14	41	28	35	57	B	86
15	29	27	28	50	B	46
16	33	42	39	59	B	63
17	30	26	31	68	B	55
18	33	32	42	62	B	79
19	39	35	31	58	B	76
20	23	36	28	62	B	69
21	30	35	25	50	B	.

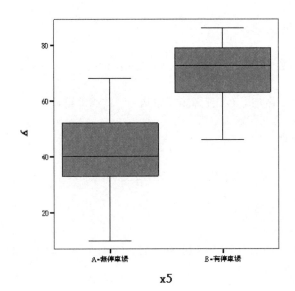

x5

■ 省略不需要的變數

至目前為止，所有的說明變數對預測目的變數 Y 均為有效的前提下進行了複迴歸分析。可是，對預測沒有幫助的變數不要列入迴歸式之中，將來的預測精確度會變得較好。所謂將來，是指以新得到的資料來預測的情形。

因此，有需要去考察對預測有效的變數列入迴歸式，不是有效的變數不列入迴歸式。在第 5 章的判別問題中，曾介紹 Logistic 迴歸的方法，與當時所指出的「對判別沒有幫助的變數最好不要列入式子中」這句話是相同的。

選出有效的變數此作業稱為變數選擇，即使是複迴歸分析，變數選擇的作業也是很重要的，有效的變數與非有效的變數，是以統計的基準來決定。參照該基準，電腦判斷是否有效的機能稱為變數選擇機能。

變數選擇機能，像變數增加法、變數減少法、變數增減法、變數減增法等，有各種的方法。要理解這些，需要有統計的知識。此處，只表示使用稱為變數增減法的方法進行迴歸分析的結果。所得到的迴歸式如下所示。

$$Y = -29.573 + 0.5757X1 + 0.865X3 + 0.581X4 + 0 \quad\quad \leftarrow A$$
$$+ 11.106 \leftarrow B$$
$$\text{（貢獻率}= 0.735，殘差的標準差} = 11.925）$$

請確認迴歸式之中不含 X2。因為預測 Y 時，這被判斷為不需要的變數，所以不列入迴歸式中。貢獻率比使用全部的變數時略為下降（因減少變數所以下降是理所當然的），但表現預測精確度的殘差標準差變小了，雖然很少但預測精確度知已提高。

變數選擇機能，對可以實施迴歸分析的統計軟體來說大致都有具備。不只是使用所有的變數實施迴歸分析，經常實施已進行變數選擇的迴歸分析也是很重要的。

此處，在實施變數選擇時有需要注意的事項。經變數選擇所實施的結果，已列入迴歸式的變數並非是絕對唯一的解。

在剛才的例子中，選擇了（X1, X3, X4, X5）4 個變數。可是，以（X2, X3, X4, X5）的組合進行預測時，得到相同程度的預測精確度的情形也有。在何種情形中會發生此種現象呢？這是說明變數之間有相關關係時。譬如，X1 之值變大時，X2 之值也變大，有此種關係時。像此種時候，選擇 X1，不選 X2，相反地，選擇 X2，不選 X1，此種現象就會發生。

因此，一面參考經由變數選擇的迴歸式，一面試著改變變數的組合，此種作法較好。另外，說明變數之間沒關係時，就不會發生此種現象。

6-8 其他的預測方式

■ 以迴歸樹預測

在第 5 章中曾介紹決策樹中有稱之為 CART 的手法，但 CART 有判別問題所使用的分類樹，以及預測問題所使用的迴歸樹之機能。利用 CART，以例題 6-6 的資料製作迴歸樹看看。

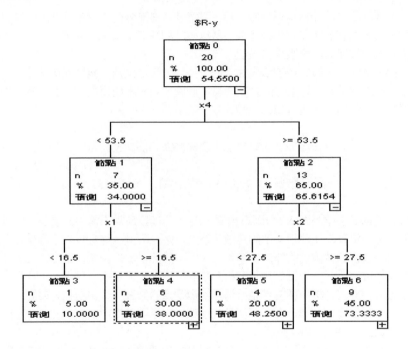

由此樹木可以讀取如下的規則。

如果 X4 ≦ 53.5，X1 ≦ 16.5 時，預測 Y 之值是 10.00。
如果 X4 ≦ 53.5，X1 > 16.5 時，預測 Y 之值是 38.00。
如果 X4 > 53.5，X1 ≦ 27.5 時，預測 Y 之值是 48.25。
如果 X4 > 53.5，X1 > 27.5 時，預測 Y 之值是 73.33。

X3 與 X5 並未出現。這些被判斷為不需要。

比較迴歸樹與複迴歸分析時，何者的預測精確度較佳，由於是取決於資料而有所不同，所以不能一概而論。但是，複迴歸分析由於是以數式的方式取得，所以預測所得到的資料，或說明變數 X 之值改變時，想觀察目的變數 Y 如何改變，此種模擬也是很容易使用的。

■ 利用類神經網路預測

除了迴歸分析或迴歸樹之外，以預測的方法來說，也有使用類神經網路（neural network）的手法。類神經網路以資料探勘的手法來說，是引人注目的手法。誤解「資料探勘 = 類神經網路」的人似乎不少。

類神經網路不光是預測，也可當作集群分析或判別分析的手法來使用。當用於預測時，稱為類神經預測，當用於判別時，稱為類神經判別。

類神經網路對非線性的問題非常拿手。所謂非線性的問題，是想要求的關係式的係數不能以一次式來表示的問題。譬如，設想如下的例子：

$$Z = A* e^{BX}$$

決定 A、B 之值的問題，即為非線性的問題。

非線性的類型

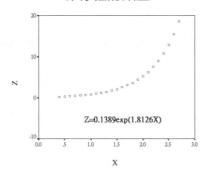

即使是非線性的問題，最初設想的式子知道時，求未知數的係數，決定預測式的作業就不會太難。可是，要設想何種模式才好不得而知之情況時，類神經網路即為有效的方法。類神經網路是將人腦的構造當作模型來處理資料的方法。人腦可以學習過去的經驗與事實，然後，參考學習的結果，再具備新的事態。模仿此事的類型即為類神經網路。

類神經網路的階層型模式，是由輸入層、隱藏層、輸出層 3 個層所構成。輸入層是說明變數，輸出層是目的變數。連結輸入層與輸出層的是隱藏層。隱藏層雖然可再由數層所構成，但是要由幾個層所構成是解析者任意決定的。

一般設定 1 層的較多，但依問題而異，也有設定 2 層到 4 層。各層均由 1 個以上的單元所構成。接受資料（資料被輸入）的地方是單元。輸入層的單元數即為說明變數的個數。輸出層的單元數即為目的變數的個數，通常是 1。層到層的移動，是設想適當的函數來進行。適切設定所設想之函數中的變數比重，進行高精確度的預測，是類神經網路階層模式的想法。

輸入層　　　　　　　　　隱藏層　　　　　　　　　輸出層

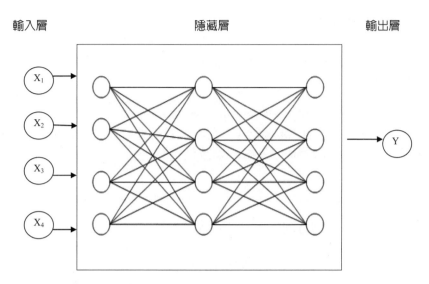

　　類神經網路是一面根據資料一面學習，一面決定函數中各變數的比重，然後求出預測值的一種進行方式。一面學習這句話，譬如，觀察體重 50kg 此人的資料，假定預測該人的身高 160cm。如身旁有老師，指出 160cm 是錯誤時，透過學習修正比重，使下次不要再犯錯，具有如此之處理機構。雖然出現老師這句話，將此種方法稱爲「老師在旁指導的學習」。發揮老師的功能，此即爲過去的實績。
　　爲了掌握類神經網路中的預測方法的形象，說明簡單的數值例。
　　今有如下的 X 與 Y 資料，考察以 X 預測 Y。

X	Y
0.1	1.03
0.2	1.06
0.3	1.09
0.4	1.12

　　重複如下的試行錯誤。

X	預測值	實際值	判定	處理	比重 b_0	比重 b_1
				開始	0	0.0
0.1	0.00	1.03	錯誤	修正	1	0.1
0.2	1.02	1.06	錯誤	修正	2	0.3
0.3	2.09	1.09	錯誤	修正	1	0.0
0.4	1.00	1.12	錯誤	修正	2	0.4
0.1	2.04	1.03	錯誤	修正	1	0.3
0.2	1.06	1.06	正解	繼續	1	0.3
0.3	1.09	1.09	正解	繼續	1	0.3
0.4	1.12	1.12	正解	繼續	1	0.3
0.1	1.03	1.03	正解	繼續	1	0.3

找出如下的關係式，再進行預測。

$$Y = 1 + 0.3X$$

　　實際的情形中，是不會製作此種式子的。本例畢竟是爲了理解「學習」此形象的例子。

　　利用類神經網路來預測，與利用迴歸的預測方法相比較，絕不遜色，甚至可以說預測精確度許多時候還比較優良。但是，過程形成黑箱，以哪種構造計算預測值並不得知爲其缺點。如果認爲既然是預測，那麼「只要恰當，式子的形式怎樣都行，過程怎樣也都行」的話，那就不能說是缺點了，但是想觀察說明變數 X 如何影響 Y 的時候就不是很方便了。

　　彌補此缺點，要進行模擬。具體言之，將 X 之值以人爲的方式使之改變時，觀察 Y 的預測值是如何改變，以掌握影響。

　　那麼，以類神經網路處理例題 6-6 的結果表示如下。

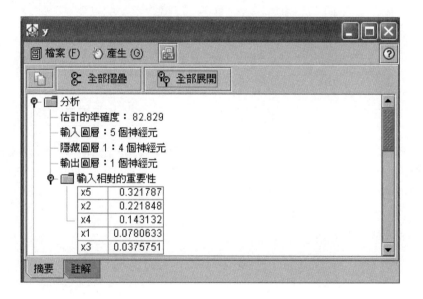

店號	x1	x2	x3	x4	x5	y	預測值
43	27	21	27	63	A	33	43
2	16	28	11	44	A	10	36
3	25	12	20	51	A	24	39
4	20	27	26	59	A	52	40
5	17	26	34	49	A	40	39
6	27	25	20	60	A	53	42
7	32	30	32	56	A	68	44
8	39	35	17	50	A	42	43
9	25	20	26	40	A	40	38
10	17	22	32	38	A	36	37
11	31	30	35	70	B	76	69
12	23	28	26	63	B	79	67
13	26	37	39	63	B	64	68
14	41	28	35	57	B	86	69
15	29	27	28	50	B	46	67
16	33	42	39	59	B	63	69
17	30	26	31	68	B	55	69
18	33	32	42	62	B	79	69
19	39	35	31	58	B	76	69
20	23	36	28	62	B	69	67

　　類神經網路也有過度學習的傾向。所謂「過度學習」，是指沒有意義的規則甚至都記住了。因此，為了防止過度學習，將資料分成學習用（training）、驗證用（validation），相互驗證後再求解。

〔例題 6-7〕

以下的資料是某飲食店的每月銷售額（單位：10 萬元）。請預測第 2 年的第 12 月的總銷售額。

年	月	銷售額
1	1	32
1	2	44
1	3	35
1	4	98
1	5	28
1	6	42
1	7	29
1	8	97
1	9	21
1	10	29
1	11	16
1	12	80
2	1	23
2	2	30
2	3	27
2	4	80
2	5	22
2	6	33
2	7	24
2	8	80
2	9	30
2	10	40
2	11	32
2	12	.

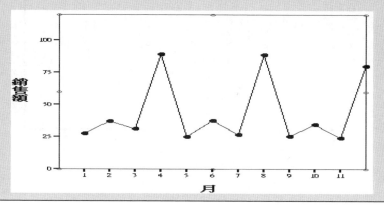

按時間順序所得到的資料稱為時間序列資料。此問題是時間序列資料中的預測問題。

但是，此問題中說明變數 X 並未出現。像此種時候，只能從過去的銷售額的推移，預測當期的銷售額。因此，設想如下的迴歸式。

$$（當期的 Y）= b_0 + b_1 *（1 期前的 Y）+ b_2 *（2 期前的 Y）+ \cdots\cdots$$
$$\cdots\cdots \qquad\qquad + bp（p 期前的 Y）$$

此種模式稱為自我迴歸模式。在時間序列資料的預測問題中是最常使用的模式。p 要當作多少？亦即要追溯到多少期為止是很棘手的問題。以現實的方法來說，嘗試幾種 p 看看，然後採用預測精確度最佳的 p。

此處暫且當作 3 計算看看。

$$（當期的 Y）= 121.48 - 0.6059 *（1 期前的 Y）- 0.5352 *（2 期前的 Y）$$
$$- 0.6348 *（3 期前的 Y）$$

由此知，第 2 年第 12 月的預測值是 60.34557。
求此預測值，與實測值相比較的圖形如下所示。

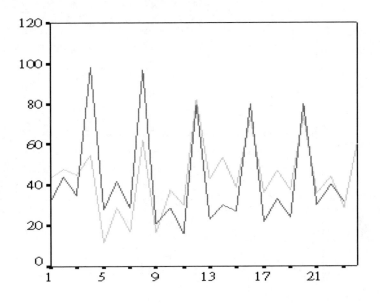

另外，對此種時間序列資料的情形來說，使用類神經網路進行預測也是可能的。

	年	月	銷售...	$N-銷售額
5	1	5	28	36
6	1	6	42	37
7	1	7	29	37
8	1	8	97	38
9	1	9	21	38
10	1	10	29	39
11	1	11	16	39
12	1	12	80	40
13	2	1	23	33
14	2	2	30	33
15	2	3	27	34
16	2	4	80	34
17	2	5	22	34
18	2	6	33	35
19	2	7	24	35
20	2	8	80	36
21	2	9	30	36
22	2	10	40	37
23	2	11	32	37
24	2	12	$nu...	38

6-9 迴歸樹的有用性(1)

■ 查明數個要因間之交互作用的迴歸樹

本章以預測的工具來說，雖出現了迴歸樹，但此處再略微就迴歸樹的有用性，透過例題來觀察。

〔例題 6-8〕

以下的資料顯示某工業產品的重量 Y（單位：g）與產品在製造過程中的紀錄。

X1：熱處理時間（單位：秒）

X2：寬度尺寸（單位：mm）

x1	x2	y
19	1.9	207
23	1.3	222
24	1.3	214
27	1.5	248
27	1.2	234
28	1.6	229
29	1.2	242
29	1.7	229
29	1.8	222
30	1.9	244
19	3.1	287
23	4.2	268
24	3.1	259
27	3.6	235
27	3.9	253
28	3.5	230
29	3.4	249
29	3.3	238
29	3.1	242
30	3.9	218

試考察使用 X1 與 X2，預測 Y。

首先，如以複迴歸分析處理此資料時，得出如下的迴歸式。

$$Y = 251.5787 - 1.2403*1 + 7.8374*2$$
（貢獻率＝ 0.233，殘差的標準差＝ 17.7055）

因為貢獻率是 23.3%，此迴歸式似乎無法用於預測。因之，製作迴歸樹。

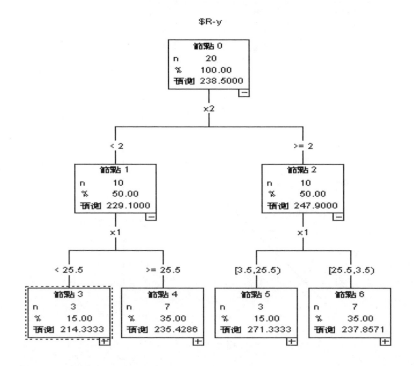

由此樹中可以讀取如下的規則。

如 X2 ≦ 2.5 且 X1 ≦ 25.5 時，Y 的預測值為 214.33。

　X2 ≦ 2.5 且 X1 > 25.5 時，Y 的預測值為 235.42。

　X2 > 2.5 且 X1 ≦ 25.5 時，Y 的預測值為 271.33。

　X2 > 2.5 且 X1 > 25.5 時，Y 的預測值為 237.85。

將此規則整理成如下表，再以圖形來表現。

x1	x2	y
x1<=25.5	x2<=2.5	214.50
x1<=25.5	x2>2.5	271.33
x1>25.5	x2<=2.5	235.42
x1>25.5	x2>2.5	237.85

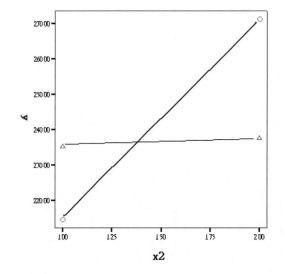

此圖形的意義是什麼呢？2 條線不平行，相交叉，此說明取決於 X2，X1 對 Y 的影響度有所差別。此即為 X2 與 X1 之間有交互作用（組合效果）。也可以說因迴歸樹才明顯出現。

複迴歸分析當有交互作用時，即設想如下的迴歸式也難以得到高精確度的預測式。

$$Y = b_0 + b_1 X_1 + b_2 X_2$$

此設想如下的迴歸式就可以順利進行。

$$Y = b_0 + b_1 X_1 + b_2 X_2 + b_3 X_1 X_2$$

觀察此式似乎可以瞭解，加入了 X1 與 X2 之積的項。加入積的項可以適切表現交互作用就變成數學的話題。因之省略，試著實際應用此資料時，可得出以下的結果。

$$Y = -46.716 + 10.0255 X_1 + 125.2771 X_2 - 4.4303 X_1 X_2$$
（貢獻率 = 0.705，殘差的標準差 = 11.3144）

　追加積項的式子，比追加前，不管貢獻率也好，預測精確度也好，均有提高。如像這樣說明時，認為一開始即加入積的項不是很好嗎？大有人在。可是，如果交互作用不存在時，就變成加入無作用的項，預測精確度就會不佳。

　又，本例中變數只有 2 個，如果像問題 6-6 那樣有 5 個的話，利用組合的計算，必須要考慮 10 個交互作用。因此，在交互作用不知道有無的情形中，一開始迴歸式包含積的項之方法並不實際。

　對了，請想想當成為如下的樹形時交互作用也是存在的。

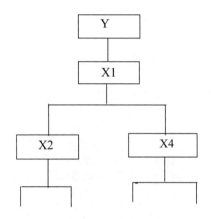

　這是在 X1 分歧之後，一方的枝在 X2 分歧，另一方的枝在 X4 分歧的例子。

　像這樣迴歸樹不單是預測的項，交互作用的發現也非常擅長，因此建議將迴歸樹擅長的一面，與複迴歸分析擅長的一面，加以組合使用。

6-10 迴歸樹的有用性(2)

■ 探索最適條件也有幫助的迴歸樹

迴歸樹不只是預測,就是探索將目的變數 Y 之值當作期望之值的條件也是有效的。

〔例題 6-9〕

以下的資料是記錄某產品在 2 廠中的收率 Y 與製造時的條件。

X1:使用原料的種類(A、B、C 三種)

X2:產品的冷卻法(水冷式與空冷式)

X3:焊接機械的種類(1 號機與 2 號機的種類)

x1	x2	x3	y
A	水冷	1號機	75.9
A	水冷	2號機	70.9
A	空冷	1號機	80.1
A	空冷	2號機	79.4
B	水冷	1號機	87.6
B	水冷	2號機	82.8
B	空冷	1號機	77.2
B	空冷	2號機	82.1
C	水冷	1號機	70.4
C	水冷	2號機	65.5
C	空冷	1號機	67.9
C	空冷	2號機	66.4
A	水冷	1號機	77.3
A	水冷	2號機	66.7
A	空冷	1號機	84.1
A	空冷	2號機	81.2
B	水冷	1號機	89.3
B	水冷	2號機	81.9
B	空冷	1號機	74.8
B	空冷	2號機	82.7
C	水冷	1號機	70.7
C	水冷	2號機	67.9
C	空冷	1號機	68.1
C	空冷	2號機	67.4

請考察提高收率 Y 的條件。

以迴歸樹解析此資料時，可以得出如下的結果。

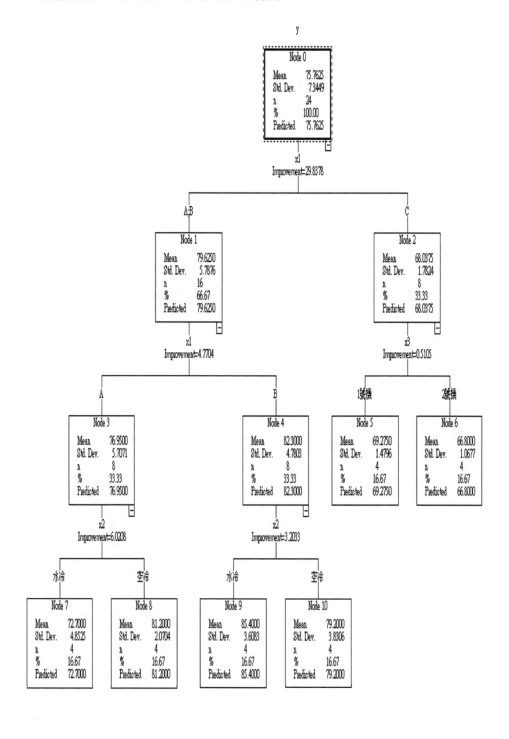

試將最終節點整理成表看看。

結點號碼	7	8	9	10	5	6
原料 冷卻法 機械	A 水冷	A 空冷	B 水冷	B 空冷	C 1 號機	C 2 號機
收率的平均值	72.700	81.200	85.400	79.200	69.275	66.800
原數據	75.9 70.9 77.3 66.7	80.1 79.4 84.1 81.2	87.6 82.8 89.3 81.9	77.2 82.1 74.8 82.7	70.4 67.9 70.7 68.1	65.5 66.4 67.9 67.4

試以圖形表現此結果看看。

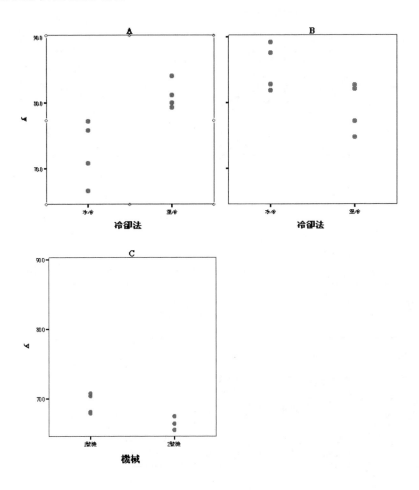

　由此圖形可以發現使用原料 B，以水冷式冷卻時，收率會增高。另外，也知道使用原料 C 時，收率變低，利用迴歸樹可以發現使收率增高的條件，或變低的條件。

　迴歸樹不只是預測，也可用於探索最適條件，此事想必有所理解了。本例題是製造現場的例題，但是即使檔案部門，探索在何種狀況下銷售收入會變佳的場合中，也同樣可以利用。

迴歸樹不只是預測，也可用於探索最適條件。

Note

第7章
文字探勘法

7-1 大量資料的整理

■ 分析大量文章的文字探勘法

於意見調查中，在詢問的最後，一般都會加上「如有任何意見，請自行填寫」的請託。回答者就會在此處自由地記下意見。實施調查的一方，讀取以自由形式所記述的意見或感想，尋找公司的改善點、顧客的要求、新產品的線索。回答者如有數人時，讀取每一位回答者的文章並整理意見，並不是太困難的作業。可是，讀取數百人、數千人規模的文章，並整理意見，即使說是不可能，也不過言。因為，整理 200～300 人的回答是要竭盡全力的。處理大量的資料時，將許多回答者所填寫的文章有效率的分析，此方法是需要的。此處出現的正是文字探勘（text mining）的方法。

當得到大量的文章形式的資料時，借助資訊技術的力量，從資料抽出有益的資訊的方法論，稱為文字探勘法。文字的對象，除了意見調查中自由回答之文章外，像是訪談的紀錄，或由服務中心所蒐集來的顧客抱怨或有關意見的紀錄、營業活動的訪談紀錄等，也包含在內。另外，以文章的形式所保留的資料，稱為語言資料或文字資料。

■ 想發現什麼時，不要決定關鍵字

以分析語言資料的方法來說，精心閱讀每一篇文章，再歸納內容的方法，以及決定關鍵字後，蒐集此單字出現頻率之方法，是最為頻繁所使用的。

仔細閱讀所填寫之文章的行為，無關資料的量，在語言資料的分析中是最重要的作業，不管是以什麼方法分析，馬虎是不行的。但資料的量一旦增多時，歸納內容的作業就非常地困難。

決定關鍵字後，蒐集此單字出現的頻率之方法，是最為頻繁所使用的。

決定關鍵字再累計的分析方法，在事前已有假設時是非常有效的，但對於假設的發現是不合適的。因為，關鍵字有所決定是已經具有假設的緣故。即使未達到假設的地步，某種的意圖包含在內也是確實的。並且，意識之外的某用語是不會出現在關鍵字上，因之牽連新發現的情形是很少的。

此後要介紹的文字探勘，並未出現決定關鍵字的話題。並不是「有多少個這樣的用語」，而是以「有什麼樣的用語」的想法來進行。

■ 區分出名詞與形容詞後再累計

〔例題 7-1〕

某遊樂場針對入場者，打聽滿意度實施了意見調查。在調查表的最後，讓他們自由地填寫感想與意見。以下所顯示的語言資料，是由 24 位回答者所填寫。以下顯示所寫的事項，讀了之後請加以歸納。

－顧客的意見（從自由回答欄）－

A：交通工具有趣，從業員也親切。

B：有趣。

C：長椅髒，沒有伙食的心情。

D：伙食貴，而且差。

E：交通工具有趣，有些貴，從業員也親切。

F：伙食貴，離長椅遠，而且髒。

G：伙食差。

H：伙食貴，如有優待券會更好。

I：從業員親切。交通工具有趣、伙食貴、伙食差、離車站遠。

J：伙食差、貴，而且從業員不親切。

K：伙食貴，離車站遠。

L：長椅髒，但交通工具有趣，從業員也親切。

M：伙食差、貴，不親切。

N：伙食貴，但從業員親切。

O：伙食差。

P：離車站遠。

Q：遠、長椅髒、差。

R：交通工具有趣，從業員也親切。

S：伙食與交通工具貴，但從業員親切。

T：遠、交通工具有趣、親切。

U：交通工具貴、有趣。

V：離長椅遠、離車站遠。

W：離車站遠、從業員親切。

X：伙食差、長椅髒。

雖然主語有時不清，但意見調查的自由回答欄所寫的文章幾乎都是如此。如閱讀這些意見時，像：

「交通工具有趣。」

「伙食貴、差。」

「從業員親切。」

「離車站遠。」

之類的印象較爲深刻。

此次,以文字探勘來分析 24 人的語言資料。首先,將所有的語言資料分解成單字層次。然後累計何種單字出現多少。重點在於並非決定關鍵字之後再去累計。進行此作業,與其需要資料探勘的工具,不如分解文章後累計單字的出現頻率之軟體是需要的。鎖定在名詞與形容詞的累計結果與其圖形顯示如下。

單語	出現次數
伙食	13
貴	10
從業員	9
親切	9
有趣	8
交通工具	8
差	8
遠	8
長椅	6
車站	5
髒	5
不親切	2
優待券	1

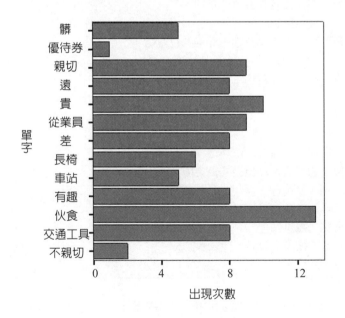

從累計表與圖形來看,可以知道何種單字出現多。進行此種累計,同義語的定義顯得很重要。譬如,「伙食差」與「食物差」認爲是相同的意義,定義「伙食」=「食

物」之後再累計。加上「再」是因為最初何種單字會出現，由於不明的緣故。進行文字探勘，需要具備可以定義同義語之機能的軟體。

其次，製作能否將每一位回答者所抽出的單字記述成文章的資料表。此即以 0、1 表現，如果是 1，意指可以填入該用語，如記成 0，意指不可以填入。

Modeler text analytics 並未支援中文。除 Excel 、R 外，PolyAnalyst for Text 是文字探勘的專業軟體。

號碼	顧客	有趣	交通工具	從業員	親切	不親切	貴	用餐	差	車站	遺	長椅	髒	優待券
1	A	1	1	1	1	0	0	0	0	0	0	0	0	0
2	B	1	0	0	0	0	0	0	0	0	0	0	0	0
3	C	0	0	0	0	0	0	1	0	0	0	1	1	0
4	D	0	0	0	0	0	1	1	1	0	0	0	0	0
5	E	1	1	1	1	0	1	0	0	0	0	0	0	0
6	F	0	0	0	0	0	1	1	0	0	1	1	0	0
7	G	0	0	0	0	0	0	1	1	0	0	0	0	0
8	H	0	0	0	0	0	1	1	0	0	0	0	0	1
9	I	1	1	1	1	0	0	1	1	1	1	0	0	0
10	J	0	0	1	0	1	1	1	0	0	0	0	0	0
11	K	0	0	0	0	0	1	1	0	1	1	0	0	0
12	L	1	1	1	1	0	0	0	0	0	0	0	1	1	0
13	M	0	0	0	0	1	1	1	1	0	0	0	0	0
14	N	0	0	1	1	0	1	1	0	0	0	0	0	0
15	O	0	0	0	0	0	0	1	1	0	0	0	0	0
16	P	0	0	0	0	0	0	0	0	1	1	0	0	0
17	Q	0	0	0	0	0	0	0	1	0	1	1	1	0
18	R	1	1	1	1	0	0	0	0	0	0	0	0	0
19	S	0	1	1	1	0	1	1	0	0	0	0	0	0
20	T	1	1	1	0	1	0	0	0	0	0	0	0	0
21	U	1	0	0	0	0	1	0	0	0	0	0	0	0
22	V	0	0	0	0	0	0	0	1	1	1	0	0	0
23	W	0	0	1	1	0	0	0	0	1	1	0	0	0
24	X	0	0	0	0	0	0	1	1	0	1	1	1	0

到此為止已整理妥當，之後就是統計解析的領域。文字探勘至目前為止的整理是最重要的，也是最花時間的。

7-2 大量資料的統計解析(1)

■ 以交叉累計調查同時所使用的單字

為了觀察哪一個單字同時被使用，要進行單字之間的交叉累計表。

	有趣	交通工具	從業員	親切	不親切	貴	伙食	差	車站	遠	長椅	髒	優待券
有趣	8	7	5	6	0	2	1	1	1	2	1	1	0
交通工具	7	8	6	7	0	3	2	1	1	2	1	1	0
從業員	5	6	9	8	1	4	4	2	2	2	1	1	0
親切	6	7	8	9	0	3	3	1	2	3	1	1	0
不親切	0	0	1	0	2	2	2	2	0	0	0	0	0
貴	2	3	4	3	2	10	8	3	1	2	1	1	0
伙食	1	2	4	3	2	8	13	7	2	3	3	1	1
差	1	1	2	1	2	3	7	8	1	2	2	1	1
車站	1	1	2	2	0	1	2	1	5	5	1	0	0
遠	2	2	2	3	0	2	3	2	5	8	3	2	0
長椅	1	1	1	1	0	1	3	2	1	3	6	5	0
髒	1	1	1	1	0	1	3	2	0	2	5	5	0
優待券	0	0	0	0	0	1	1	0	0	0	0	0	1

表中的數字是表示同時出現的次數。如注視伙食的列時，伙食與伙食的出現次數是 13，但相同單語之間的組合並不具意義。只是意謂伙食的單語出現 13 次而已。如把目光移到其他的組合時，得知伙食與貴、伙食與差的次數最多。像這樣觀察表時，即可掌握哪一個單字與哪一個單字同時出現。由上記的表知如下的組合較多。

伙食－貴	伙食－差	交通工具－有趣
從業員－親切	長椅－髒	車站－遠

可以使用 PolyAnalyst 軟體、文字探勘分析器 Text Analyzer 等進行分析。

■ 以對應分析做成容易看的圖形

如先前的交叉累計表，當表小（列數、行數少）時，斟酌表的內容，即可掌握單字之間的關聯，但是如變成甚大的表時，觀察表並讀取資訊的作業即變得困難。因此，使用對應分析（第 5 章介紹），將單字之間的關係以圖形來表現。用於對應分析的資料，即為剛才所做成的 01 資料表。利用應分析即可製作如下的圖形。

單字的布置圖（對應分析）

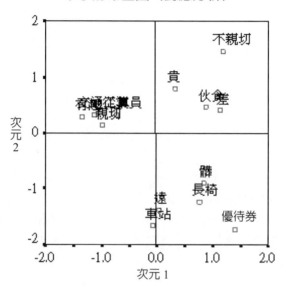

觀此圖形，可以讀取（伙食、差、貴）、（交通工具、有趣、從業員、親切）、（長椅、髒）、（車站、遠）的組合，它們的單字位於相近之處。由於一般人有伙食貴且差的感覺，所以有需要及早的改善。

在對應分析中，離原點較遠的位置是少數派。優待券的單字位於離原點較遠的位置，是指填寫優待券的人很少。如回溯到原來的語言資料時，只有 H 先生 1 人填寫「伙食貴，有優待券的話就更好。」

談到是否可除去此種少數派的單字時，只是除去是不行的，不妨如此考量。從統計解析的觀點來看，雖想除去此種偏離值，但由解析中除去，與忽略資料本身是不同的。這也隱藏有新商品的線索。「原來如此！像優待券的此種服務也許會讓人高興吧」，試著如此想也是很重要的。

雖然使用對應分析解析了 01 資料，但是即使使用主成分分析，也可以製作單語的布置圖。實施主成分分析時可畫出如下的圖形。

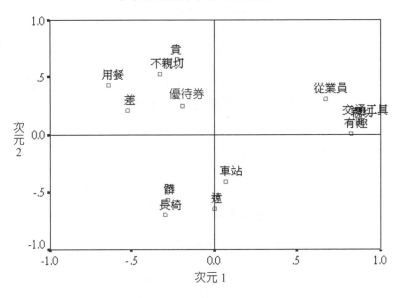

單字的布置圖（主成分分析）

有相似記述的人之間是位於相近之處。

位於相近的單字組合，與對應分析時的圖形並無不同。但優待券的單字，並未位於偏遠的地方，至少對於例題 7-1 的 01 資料而言，對應分析的結果，似乎與形象較爲吻合。

資料探勘（data mining）的目的，在於使用自動或半自動的方式，從大量的資料中，發掘出隱藏在背後的有用資訊。企業透過資料探勘技術，能找出一些模式或規則，以協助進行商業決策，帶來更大的商業利益，而文字探勘（text mining）則是資料探勘（data mining）的延伸，要進一步從非結構化的文字資料（textual data）中，提取出有意義的資訊。

Note

7-3 大量資料的統計解析(2)

■ 試著層別回答者

對應分析不只是單字,也可製作回答者的布置圖(主成分分析也能製作)。

回答者的布置圖(對應分析)

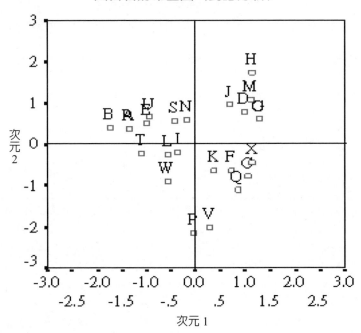

有相似記述的人之間是位於相近之處。

對應分析的一個優點是可以一併觀察單字的布置圖與回答者的布置圖。由此事知,位於橫軸左側的回答者,記述(交通工具、有趣、從業員、親切)的單字居多。

話說,在意見調查中只以自由回答的資料即可獲得結果是很少的。除了自由記述式之外,也會進行選擇式的詢問,也會打聽性別與年齡。因此,利用這些的回答資訊,層別回答者的布置圖,有可能得到更有益的資訊。譬如,有關年齡的資訊假定可以如下得到。

號碼	顧客	年齡
1	A	10
2	B	10
3	C	30
4	D	30
5	E	10
6	F	20
7	G	30
8	H	40
9	I	20
10	J	20
11	K	20
12	L	10
13	M	30
14	N	20
15	O	30
16	P	40
17	Q	40
18	R	10
19	S	20
20	T	10
21	U	10
22	V	20
23	W	10
24	X	30

利用此資訊，將剛才的圖形以年齡層別時，即成為如下。

回答者依年齡的層別

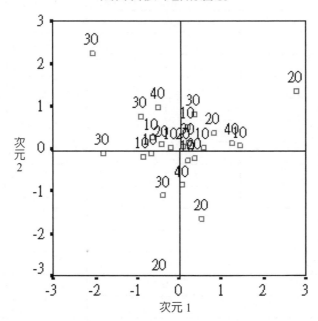

明顯知道左側聚集著 30 歲左右的回答者。位於左側的回答者,顯示交通工具有趣,或者從業員親切的一群人,所以知道 30 歲左右的人風評不錯。

有相似記述的
人之間是位於
相近之處。

Note

7-4 大量資料的統計解析(3)

■ 整理同義字是成功的關鍵

〔例題 7-2〕

　　以下的資料，是某雜貨店在所實施的意見調查中，自由回答欄所記述的語言資料。請探討所言何事。

－顧客的意見（由自由回答欄）－

1. 認爲待客要更盡力。店算是美觀，無可挑剔。
2. 店美觀品項也豐富，但店員的待客態度、行爲的不佳爲讓店的形象下降。應立即改善。
3. 店員的態度非常好、商品的說明也非常容易了解、樣品也豐富非常好，今後也要再加油。
4. 雖然有些擁擠，但店員冷淡，令人擔心。
5. 整體而言覺得是明亮的好店。
6. 店員或店的感覺明亮。
7. 店內狹窄，雖然印象不佳，但季節商品等容易了解。
8. 店面寬，整體容易看。
9. 擔任收納的店員雖然印象良好，但全員似乎未經常意識到顧客。
10. 店員的態度有些不舒服。絕不能說是明亮的店。喜歡的東西也不太有。
11. 有需要的東西才來，但不認爲「會再來」。
12. 寬廣明亮，但覺得待客態度有問題。覺得開朗、笑臉均是需要的。
13. 工作人員比想的還親切。
14. 店的印象是狹窄，店是沒有品味。
15. 店內暗、整體雜亂。
16. 店內明亮品項豐富，比其他店好。
17. 店內明亮、感覺很好，但東西少。
18. 玻璃窗多具開放感，但顧客多，通路顯得窄。
19. 待客服務有問題。過於心不在焉。
20. 商品種類豐富，推薦品立即了解。店內的商品有些不易了解。
21. 推薦物並不知道，相當困擾。空間的問題也有，增加化妝水等覺得較好。
22. 店內美觀、穩重還不錯。商品的推薦或新商品的顯示不明顯。
23. 店內美觀有清潔感。店內人員愛說話。只有女性從業員容易購買。
24. 平常不喜歡被店員搭訕，喜歡一人看東西。
25. 商品種類多不錯，但店員的笑臉不夠。
26. 店員的笑臉佳。

27.認為笑臉在待客上比什麼都重要，沒笑臉的應對說明白些不想再來。

28.店內的商品種類多（特別是化妝品），乾淨俐落是不錯，但店員的態度有問題。

29.商品不偏頗，範圍廣應有俱有，看了高興。

30.店內窄，商品不整潔排列著，讓人不太想買。

31.店內商品的排列方式有統一性，相當容易看。

32.美觀是不錯，但比品項豐富的其他店少，較為遺憾。

33.店鋪更寬些就好。

34.整體來說明亮容易進入。還想去。

35.小孩的東西也有，品項齊全。店鋪寬容易看。如果有華麗的氣氛就更好。

36.總之是明亮的店鋪。想來是光線充足。

37.店員的人數少，每一個人的行動都很機敏印象良好。相反的，T 襯衫等顧客攤開後呈現亂放的狀態。我去的時候店員 3 人（人數不足？）。

38.店員人數多得令人吃驚。對店鋪大小來說覺得人數多。

39.範圍廣、商品多、不易區分。

40.店內明亮、商品美觀陳列，覺得很好。

41.在寬廣的店內有足夠量的商品，光是參觀也很快活。

42.不想再去。

43.整體而言是美觀的。

44.商品美觀地排列。

45.店內不寬但整理得不錯。

46.化妝品的賣場整理很不錯，容易看。

47.東西的配置不錯，想找的東西也容易發現。

48.店內窄時，覺得不太起勁。

49.店內的商品排列得很清爽，容易看。

50.店內寬、商品品項多。

51.對店內商品覺得不錯，但工作人員待客差。

52.店員的應對印象好，似乎以化妝品為主，品項少。

53.店內的一角有豐富種類的絲襪賣得不錯。急用時容易買到，很方便。

54.店員的態度差。

55.因店員的態度差沒有購買心。

56.店員的應對態度佳、品項豐富、離車站遠。

57.整個店滿是東西、通路窄、商品不易看。

58.店的氣氛佳。

59.店寬、商品容易看、氣氛佳。

60.商品分類、展示、整理整頓等非常不錯。店員的態度不能說好。

61.展示等沒話說，但店員的態度令人擔心。從店的外表來看，平常無意中會順便前去，不在乎購買多少商品。

62.整體言之，覺得相當不錯。可以悠閒地購買。

63.顧客雖然進門卻無活力。覺得沒有幹勁。

64.店員的態度不錯，但聲音小，店美觀。覺得還不錯，商品種類少，但顏色齊全。

65.雖有訴求新商品，物品本身卻未處於賣完的狀態。

顯示單字的累計結果。例題 7-1 時，雖只抽出名詞與形容詞，但此處試抽出所有的單字看看。

單字	次數
商品	27
店	22
店員	20
店內	19
態度	11
美觀	10
看	10
豐富	8
品項	8
全體	7
人	7
待客	7
種類	6
感覺	6
笑臉	5
印象	5

單字	次數
工作人員	5
東西	5
問題	5
了解	4
齊全	4
化妝	4
配置	4
排列	3
氣氛	3
品項	3
買	3
進來	3
應對	3
人數	3
推薦	3
：	：
覺得	3

單字	次數
來	3
一般	2
普通	2
東西	2
非常	2
購物	2
通路	2
非常	2
其他	2
狀態	2
擁有	2
可以說	2
乾淨俐落	2
展示	2
顧客	2
：	：
印象	2

單字	次數
統一	1
分數	1
尋找	1
主要	1
挑剔	1
齊全	1
足夠	1
增加	1
全員	1
說明	1
聲音	1
清潔	1
整理整頓	1
開放	1
親切	1
精神	1
區分	1
一再	1
幹勁	1
:	:
偏頗	1

單字	次數
搭訕	1
量	1
穩重	1
樣子	1
明顯	1
靠近	1
目的	1
方便	1
改變	1
排法	1
分類	1
不足	1
不舒服	1
賣光	1
進來	1
吃餐	1
活力	1
:	:
說話去	1
應對	1
場所	1

單字	次數
抱怨	1
顏色	1
場所	1
女性	1
周邊	1
相似	1
樣品	1
小孩	1
遺憾	1
擁擠	1
購買	1
行動	1
送達	1
寬	1
暗	1
亂放	1
空間	1
襪子	1
襯衫	1
:	:
服務	1
訴求	1

　　如不限於詞彙時，可以知道會抽出相當多的單字，鎖定在出現 5 次以上並以圖形來表示。

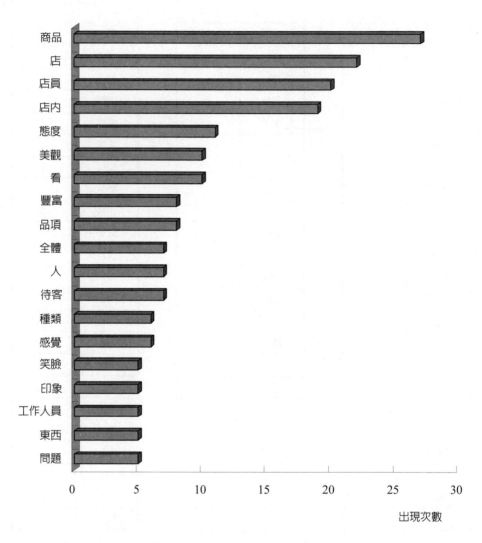

出現次數

其次，製作例題 7-1 所出現的 01 資料表，實施對應分析。

商品	店員	店內	態度	美觀	看	豐富	全體	待客	種類	感覺	笑臉	…	印象
0	1	0	0	0	0	0	0	0	0	0	0	…	0
0	0	1	0	0	0	0	0	0	0	0	0	…	0
0	0	1	0	0	1	0	0	0	1	0	1	…	0
0	0	0	0	0	1	0	0	0	0	0	0	…	0

　　原本在最初的階段出現次數少的單字也要包含在內進行分析，但此處只以棒狀圖中出現次數較多的單字，實施對應分析看看。分析的結果，出現了顯得一清二楚的布置圖。

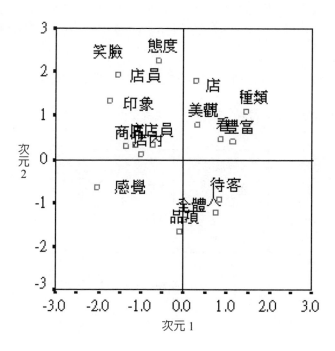

　　從中得知「商品的種類豐富、店內美觀」的感想較多，其他以外單字就看不出所以然。這與其認為是成功例，不如想成失敗例。單字的選定或同義字的設定有可能不足。因此，刪除「看」、「想」等的單字。而且，要設定同義字，加以歸納。譬如，「商品」、「物品」、「東西」統一為「商品」，「店內」、「店」統一成「店」，「店員」、「工作人員」、「店內人員」統一為「店員」，「待客」、「態度」統一為「態度」。

　　1：認為待客要更盡力。店算是美觀，無可挑剔。

　　2：店美觀品項也豐富，但店員的待客態度、行為的不佳，讓店的形象下降。

　10：店員的態度有些不舒服。絕不能說是明亮的店。喜歡的東西也不太有。

　12：寬廣明亮，但覺得待客態度有問題。覺得開朗、笑臉都是需要的。

　14：店的印象是狹窄，店是沒有品味。

　19：待客服務有問題。過於心不在焉。

　28：店內的商品種類多（特別是化妝品），乾淨俐落是不錯，但店員的態度有問題。

　55：因店員的態度差沒有購買意願。

　　注視畫線的地方，這些畢竟都是說「店員的態度差」。可是，只是同義字的設定，無法適切統一。因此，這些要重新寫成「店員的態度差」使之一致。此作業是最費力氣的，但如未如此修正、整理語言資料時，文字探勘是相當不易進行順利的。

　　像以上那樣加上修正，再進行對應分析的結果即為如下布置圖。此次的布置圖比最初的布置圖清爽多了。

　　　　　店－美觀　　　　商品－種類－豐富　　　　店員－態度－差

的組合單字分別位於相近的位置。

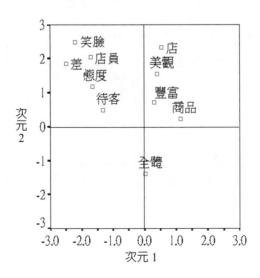

　「笑臉」雖然位於接近「店員」的地方，但這並非「笑臉」差，而是對應「有笑臉的店員」。由此可以浮現出此店的最大問題點是店員的態度差。

　另外，請不要忘了這些的解析是只注視出現次數多的單語。但少數派之中也埋藏有重要的意見，此事也曾有過提及。即說解析中不使用，仍不要忘了忽略它們是不行的。

　附帶一提，使用對應分析所使用的 01 資料，也可以進行集群分析。如觀察以集群分析所製作的如下樹形圖時，單字的組合與對應分析的結果不謀而合。

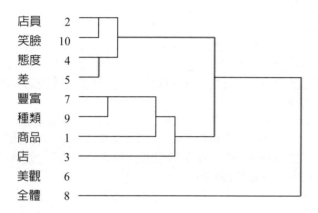

　雖然使用了對應分析與集群分析，但由於有 01 資料表，所以連結分析也能應用。

7-5 大量資料的統計解析(4)

■ 驗證的方式與數值資料不同

　　文字探勘與資料探勘一樣，驗證所得結果之作業是很重要的。可是，方法是不同的。以數值資料為對象的資料探勘，是採取以一方的資料建立規則，以另一方的資料驗證規則的方法。可是，以文章為對象的文字探勘卻無法採用此方法。

　　文字探勘時，將大量的資料分割成幾份，針對這些資料，實施此次所介紹的一連串的解析（語言資料的分解→次數的累計→01 資料表的製作→統計分析），檢討是否可得出相同的結論，此種進行方式是可行的。

　　並且，從大量的資料之中，隨機抽取 100～300 左右的資料，對這些資料一一的仔細閱讀，歸納全體的作業也是需要的。觀察所歸納的結果與文字探勘的結果是否一致，不僅是驗證文字探勘的可靠性，也是驗證閱讀所整理的結果是否妥當。

■ 順利進行的2個重點

　　將文字探勘認為是「只要以文件的方式輸入語言資料，之後就會自動分析回答者的意圖，實在棒極了！」的人或許也有。可是，這是大錯特錯的。如此簡單並無法得到明快的結果。一次的解析即想得出容易了解的結果，是不可能的。重新設定同義語、修正原來的文章之作業必定是需要的。

　　此處為了能順利進行文字探勘，除了文字處理的技巧外，要注意以下 2 點。

　　(1)限定主題。

　　(2)層別後，再著手文字探勘。

　　(1)是在文字探勘中蒐集資料時留意點。「不管什麼，請寫下所發現的事項」對如此之請託所寫下的語言資料，即使進行解析也無法得到明確的好結果。「請就○○填寫」，限定主題，語言資料的解析就會愈輕鬆，得到明確結果的機率就會愈高。

　　(2)的層別是文字探勘實施前的層別。例題 7-1 雖然是以年齡予以層別所得到的結果，但那是實施後的層別。雖然實施後的層別也是很重要的，但利用性別、出生地、職業、年齡等事先層別之後，再解析語言資料，得到明確結果的機率會提高。

　　還有另一個重要的層別。此即為利用評價對象或場所的層別。事實上，例題 7-2 的語言資料是在 4 家店鋪中進行意見調查的語言資料。因之，到 A 店的人，就記述「從業員的態度好」，到 B 店的人就記述「從業員的態度差」，發生如此的現象。如果，一方的意見壓倒性地占居多數時，雖無問題，但相反的意見，如數目不相左時，即使將這些資料一起解析，也無法得到好的結果。按理說，像此種情形，以店鋪層別後再實施文字探勘是最理想的。

　　層別即使是在文字探勘中也是重要的技巧，請務必好好理解。

層別後，再著手文字探勘。

Note

_____

_____

_____

_____

_____

_____

_____

_____

_____

_____

_____

_____

_____

_____

_____

_____

_____

第8章
品質管理的應用

8-1 SPSS與Modeler簡介(1)

本章是使用 SPSS 與 Modeler 進行說明，因之，先就兩種軟體的內容簡單加以介紹，再以事例說明 Modeler 的操作方法，初學者暫可略去無妨。

1. IBM SPSS Statistics

以商業的統計分析軟體來說，世界上最常使用的是 IBM SPSS Statistics。

特別是大學以及研究機構或商業的研究開發部門等大多都有引進，廣泛地被使用者所利用。SPSS Statistics 是適合於像問卷調查那樣有計畫地蒐集、整理好的數據為對象，以進行「假設認證型」的流程。

首先在瀏覽器地址欄輸入：

https://www.ibm.com/analytics/cn/zh/technology/spss/

進入 IBM 官網的 SPSS 下載界面，單擊「SPSS 最新版本下載」，然後選擇「SPSS Statistics」免費試用。

以下的圖 1 是 SPSS Statistics 的基本畫面。以表列形式顯示數據，從清單選擇統計分析工具與欄位，實現高度的統計處理，另外，可以與表列計算軟體以相同的間隔來操作。

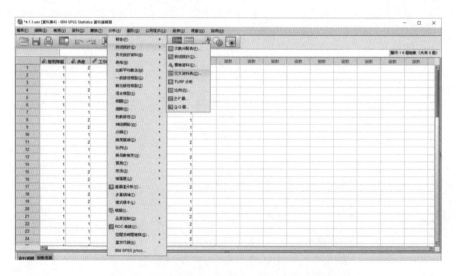

圖 1　IBM SPSS Statistics 的基本畫面

選擇統計處理時，會顯示稱為對話框的設定用視窗（圖 2）。在對話框中選擇要利用的欄位來執行。

圖 2　IBM SPSS Statistics 的對話框

接著，以分析結果來說，表或圖即可記錄在報告中（圖 3）。

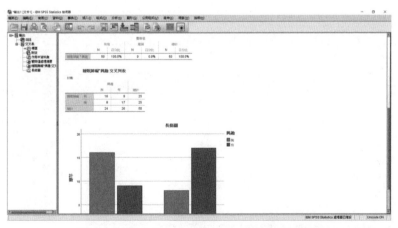

圖 3　IBM SPSS Statistics 的輸出視圖

有關 SPSS 的應用，請參五南出版的相關書籍。

8-2 SPSS與Modeler簡介(2)

2. IBM SPSS Modeler

安裝 SPSS Modeler，首先，從網站下載 IBM SPSS Modeler 的免費試用版，安裝在 PC 中（有利用期間的限制需要留意）。下載時要尋找 IBM 網站選擇「主要的 SPSS 產品」，再選擇「SPSS Modeler 試用版」。或者，直接鍵入 https://www.ibm.com/ analytics/tw-zh/analytics/SPSS-trials。

圖 1　IBM 的 SPSS 試用版網頁

從開始清單啟動 SPSS Modeler。圖 2 是啟動不久後的畫面與各畫面內的名稱。

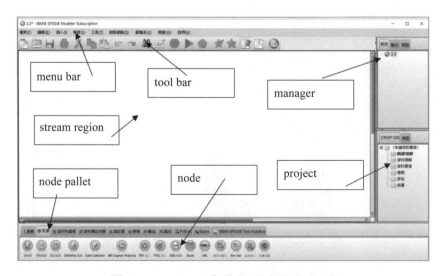

圖 2　Modeler 啟動後的畫面與名稱

Modeler 的特徵，在於即使使用者毫無有關程式或資料探勘的充分知識，利用滑鼠以簡單的操作可以進行高度的分析過程。

Modeler 是利用容易熟悉高度機能的 GUI（graphical user interface）的簡單操作，模式即可使用，變成更親切的資料探勘工具。

Modeler 是利用視覺的程式（visual programming）手法，可以發掘自己的資料。這可以在串流（stream）領域中進行。串流領域是 Modeler 中主要的工作區，將串流可以想成要設計的場所。串流領域上的圖像表示對資料進行的處理，稱為節點（node）。

各個選項板（pallet）包含資料串流上可以追加的關聯節點。譬如，「輸入」選項板包含有讀入資料所使用的節點。「我的最愛」選項板是使用者可以客製化的選項板，可以表示使用者頻繁使用的節點。

將複雜的節點配置在串流領域，結合節點形成串流。串流是表示通過數個操作（node）的資料流向。

選項板上的圖像，依執行操作的種類，可以分成輸入來源、資料列處理、資料欄位作業、統計圖、建模、輸出、匯出等 7 組。

工具列提供各種機能。使用者點選圖像，進行串流的執行、執行的中斷、節點的剪下、複製、貼上等。

串流領域的右上，準備有串流、輸出、模型的 3 種管理員，可以表示管理分割對應的物件。

專案（project）是為了整理利用 Modeler 所進行的探勘作業而加以使用。

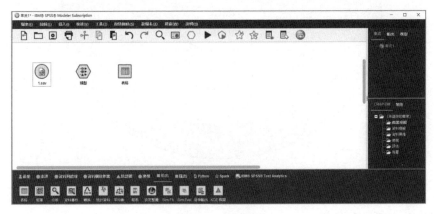

圖 3　串流例

譬如，上圖串流是以如下的方式：
(1) 讀入 SPSS 的資料檔
(2) 自動地判別已讀入之變數的資料類型
(3) 以表格形式輸出
來表示一連串的分析流程。

8-3 SPSS與Modeler簡介(3)

1. Modeler的利用例與應用領域

■ 具體的利用例

- 指定出為了提高產出的失誤要因，預測失誤的發生。
- 認清所預測不正行為的情形。
- 預測銷貨或服務的利用率。
- 識別屬於類似群的顧客或住民。
- 利用市場籃子（market-basket）分析，發現可以同時購買的產品或服務

■ 主要應用領域

- 製造、流通、金融、官方、教育、醫療、通信等。

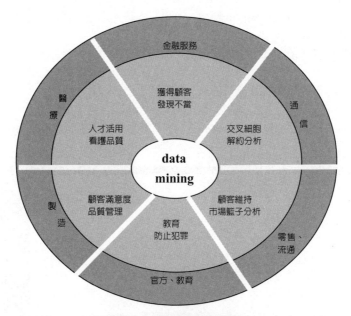

圖 1　資料探勘的應用

2. Modeler的基本操作

先確認收錄有稱為節點（node）圖像的節點板（node pallet）。節點板，像是「來源」、「資料列處理」、「資料欄位作業」、「輸出」等，以標籤按目的加以區分。

首先從「來源（sources）」選片依序說明。

操作練習 01

開啓「來源」選片（圖2）。此選片依數據的種類別準備有來源節點，頻繁利用的有以下 3 種。

「資料庫（data base）」節點，首先，透過作為 ODBC（open Database Connectivity：開放數據庫互連）的機制，可以參照各種資料庫的表格與查詢（guery）。「變數檔案（var.file）」節點是以逗號或是 tab 分隔符號之形式讀取時所利用，以 Excel 作成的數據是以「Excel」節點來讀取。

圖 2　節點板的來源選片

操作練習 02

位於從「來源」選片左方第 3 個的「變數檔案」，使用滑鼠拖行到串流畫布中，如圖 3 那樣配置著節點。雙擊節點時，可以自動的配置。

圖 3　配置節點例

其次，進行節點的連結。

操作練習 03

「資料列處理」選片是陳列著加工列的機能，亦即數據的資料列（圖4）。有「選取」、「抽樣」、「排序」等。

圖4　資料列處理選片

試著將「條件抽出」連接到先前已配置的「數據檔案」節點。

操作練習 04

首先將「資料列處理」選片左端的「選取」配置在「變數檔案」的右方（圖5）。

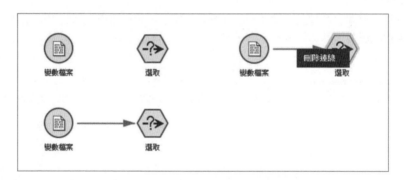

圖5　2個節點的連結與解除

其次，作用滑鼠的滑輪按鈕（中央按鈕）劃出箭線。從「變數檔案」節點的上方開始拖移，放在「選取」節點的上方，即畫出箭線，2個節點即被連結。以不利用滑輪按鈕的連結方法來說，一面按著 Alt 鍵一面點一下左方也可同樣操作。或者在「變數檔案」節點的上方，按右鍵選擇連接的清單，再按一下「選取」節點的方法也有。

Mac 版是按著 option 鍵，再單擊時即可進行同樣操作。不是列而是加工欄時，從「資料欄位作業」選片選擇節點。

圖6 資料欄位作業選片

輸入數據後，如要加工列或行時，為了掌握數據的傾向，要進行數據的視覺化。「統計圖」選片包含各種視覺化的機能（圖7）。

圖7 製作統計圖選片

操作練習 05

點選位於「統計圖」選片中央的「直方圖」，如圖8那樣配置，從「選取」去連接。

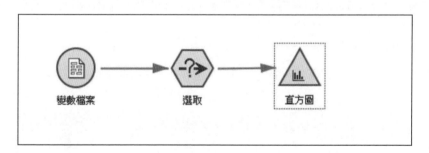

圖8 串流的例子

像這樣，以節點與箭線製作的分析流程稱為串流（stream）。串流以副檔名「.str」即可儲存成檔案。

操作練習 06

從選單「檔案」點選「另存新檔」（圖9）。對特定的資料夾取名儲存。

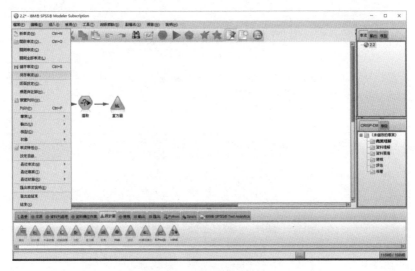

圖 9　串流的儲存

　　串流檔案只有流程的定義被儲存。並無儲存讀取的數據，因之檔案大小不大，容易共有為其優點。

操作練習 07

複製 & 貼上串流或刪除時，首先以滑鼠點選整個串流再框選範圍（圖10）。

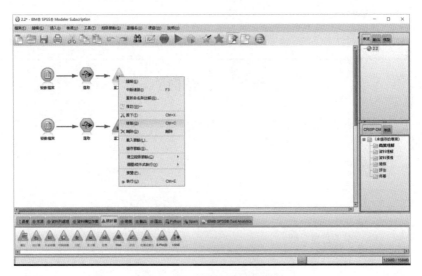

圖 10　串流的複製與刪除

接著，確認對象節點的顏色全部改變，再點一下右鍵顯示清單，即可進行複製 &
貼上與刪除。另外的方法是指定著節點或串流，以 ctrl 鍵 +c 進行複製，再以 ctrl 鍵
+v 貼上，或以 Delete 鍵刪除。

操作練習 08

對於已連接的節點要從串流中移除時，可使用滑輪按鈕（圖 11）。

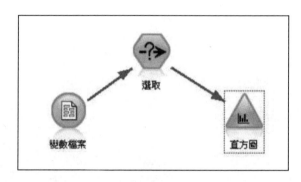

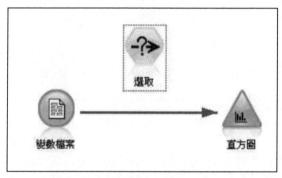

圖 11 節點的移除

操作練習 09

在中間夾住節點要綁定（bind）時，拖移箭線放在中間節點之上（圖 12）。

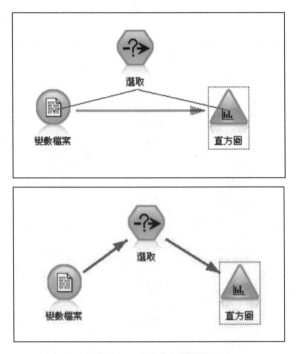

圖 12　節點的綁定

此處所說的節點的綁定（bind）與解除，於重新評估所製作的串流，想加上條件再執行時，對於此種嘗試錯誤非常有幫助。串流是設想以「輸出」與「匯出」來完成。像圖 13「輸出」選片收錄有將累計與精度分析的結果顯示於畫面上的機能。

圖 13　節點板的「輸出」選片

並且，為了將結果的欄位在業務中利用，有需要以文字資料（text data）儲存，或更新到既存的資料庫。要執行這些是「匯出」選片的「匯出」節點。

圖 14　節點板的「匯出」選片

3. IBM SPSS Modeler的節點形狀與功能

　　前面是以 3 個節點製作串流。節點的形狀有多種的意義，若能理解它時，即可順利地製作串流。圓形的節點意謂輸入，一定是串流的起點，相反的，終點的節點形成三角形、四角形、五角形。並無從終點以箭線連結到其他的節點。六角形的流程節點與黃色菱形的模型鑽石（model nugget）節點，必然是接受箭線，形成被何處連接的通過點。

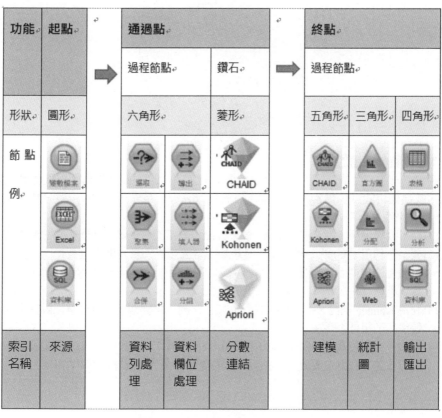

圖 15　節點的形狀與功能

8-4 有關品質管理諸工具的構成(1) [註1]

■ 數據的內容

此處使用某樣本的數據，進行有關品質管理的資料探勘。使用的數據是由以下 12 個變數所構成。

- 表示產品的品質是否為正常或異常之旗標（flag）變數（變數的個數 1）。
- 表示該事象在製造過程中是否發生，從事象 A 到事象 H 為止的 8 種旗標變數（變數的個數 8）。
- 量變數有溫度、彈性指標、濕度（變數的個數 3）。

樣本資料方面，異常如以下是以 13.68% 的機率發生。

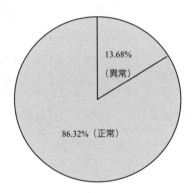

13.68%

（異常）

86.32%（正常）

■ 本節的資料探勘的流程

探索異常的發生機率是否依事象 A~ 事象 H 或者溫度、彈性指標、濕度而發生變化，找出儘可能減少異常的規則當作目的進行分析。首先是就 (1)、(2)，其次是就 (3)、(4) 來觀察。

(1) 利用關聯規則，探索在事象 A~ 事象 H 之中異常的發生機率其變化的程度如何。

(2) 其次，利用 C5.0 的分析，不只是事象，像溫度等的量變數也包含在內，探索異常發生的規則，找出異常在什麼時候最容易發生，為了防止異常要如何控制事象或溫度等。

(3) 利用 Kohnen 網路，進行樣本資料的集群。利用集群即可探討在整個數據之中有特徵的子組是否存在。

(4) 最後，介紹使用另一種數據的主成分分析。關於資料的概要，在主成分分析的地方敘述。利用主成分分析說明大量的變數存在時有關變數的密集事例。

[註1] 初學者對於本節各手法的 Modeler 操作步驟，暫可略去，只閱讀輸出結果即可。

■ 問題的發生狀況法則的探索

本章是為了品質管理就利用 Modeler 的各種資料探勘手法加以介紹。本節是就關聯規則與 C5.0 的分析進行解說。接著，再以同一事例對主成分分析、集群分析進行解說。

「關聯規則」節點與 Apriori 節點類似，但是，與 Apriori 不同，「關聯規則」節點能夠處理清單資料。另外，「關聯規則」節點可以與 IBM SPSS Analytic Server 配合使用，以處理大型資料以及利用更快的平行處理功能。

Apriori 分析是探索異常的發生機率的變化程度之分析手法。利用關聯（association）規則之分析，從各種事象的組合之中，即可發現問題的事象或事象的組合。

C5.0 是決策樹分析的一種，不僅是質變數，量變數也包含在內，為了探索異常發生的規則，查明其基準，防止異常，即可發現要如何控制輸入變數。

C5.0 是決策樹分析的一種，不僅是質變數，量變數也包含在內，遇到缺少資料及存在大量輸入欄位等問題時，C5.0 模型的表現十分穩健。

8-5 有關品質管理諸工具的構成(2)

1.關聯規則

■關聯規則的發現與驗證

　　為了說明 Modeler 如何能活用在品質管理，此處利用關聯規則（association rule）進行分析。藉由發現關聯規則，當發生何種的事象時，即可分析產品是否容易發生異常。

　　關聯分析的概念是由 Agrawal et. al.（1993）所提出，隨後，Agrawal & Srikant（1994）進一步提出 Apriori 演算法，以做為關聯法則之工具。執行後產生關聯規則的模型，可以查看詳細的規則內容。排序的規則有支援度（support）、信賴度（confidence）、規則支援（rule support）%、提升（lift）以及可部署性（deployability）等方式，使用者可依需求選擇。

- 信賴度：是規則支援度與條件支援度的比例。在具有列出的條件值的項目中，具有預測結果值的項目所占的百分比。
- 條件支援度：條件為眞值的項目所占的比例。
- 規則支援度：整個規則、條件和預測均為眞值的項目所占的比例。用條件支援度值乘以信賴度值計算得出。
- 提升：規則信賴度與具有預測的事前機率的比例。
- 可部署性：用於測量訓練資料中滿足條件但不滿足預測的部分所占的百分比。

簡言之，

- 支援度是指購買前項產品的客戶占全部客戶的比例。
- 信賴度是指購買前項產品的客戶中也買後項產品的比例。
- 規則支援 %（即支援度 × 信賴度）是指購買前項產品也買後項產品的客戶占全部客戶的比例。
- 提升是指購買後項產品占購買前項產品的比例除以購買後項產品占全部客戶的比例。
- 可部署性是指購買前項產品但不買後項產品的人占全部客戶的比例。

　　在進行關聯分析時，我們通常會先設定最小支持度（min support）與最小信賴度（min confidence）。如果所設定的最小支持度與最小信賴度太低，則關聯出來的結果會產生太多規則，造成決策上的干擾。反之，太高的最小支持度與最小信賴度，則可能會面臨規則太少，難以判斷的窘境。建模時可以設定支援度、信心度等建模的細節，當門檻值過高而無法生成模型時，使用者須適度調整門檻值。

【方法 1】利用 Modeler 的關聯規則

Statistics 檔案節點

Step1：將【來源】選項板中的【Statistics 檔案】節點移到串流領域中，右按一下所
移動的【Statistics 檔案】節點後，選擇【編輯】。

Step2：按一下【Statistics 檔案】對話框的匯出檔案的 ⋯ 。

Step3：在檔案的選擇畫面上選擇【樣本資料 .sav】，按一下【開啓】。

開啟	✕

目錄(I)：　📁 Modeler　⌄　◈▾　←　→　↑　⌂　⊞　▦　▤

- 📊 BASKETS1n.sav
- 📊 bilogit.sav
- 📊 catalog_seasfac.sav
- 📊 cell_samples.sav
- 📊 discrim.sav
- 📊 mlogit.sav
- 📊 ships.sav
- 📊 SPSS解析資料.sav
- 📊 telco.sav
- 📊 主成分分析.sav
- 📊 集群分析.sav
- 📊 樣本資料.sav
- 📊 學習用資料.sav
- 📊 驗證用資料.sav

檔案名稱(N)：　[　　　　　　　　　　　　　　　　　　　]

檔案類型(T)：　IBM SPSS Statistics 儲存格式(*.sav;*.zsav)　⌄

【開啟】　【取消】

Step4：於以下畫面點選【使用變數標籤】【使用值標籤】時，Modeler 即可使用
【Statistics 資料】檔案上所設定的變數標籤、值標籤。按一下【確定】。

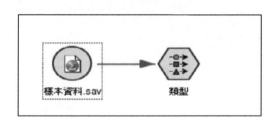 **類型節點**

Step5：接著，從【資料欄位作業】選項板選擇【類型】節點，放置在串流領域。此
處，連接【樣本資料】節點與【類型】節點。

Step6：連接完成時，右按一下【類型】節點，選擇【編輯】。顯示出有關樣本資料內的變數的狀態。首先，按一下【讀取數值】鈕，從檔案讀入資料。選擇分析所使用的變數，對顯示分析中之功能的【角色】行，將品質設定成【目標】，測量改成旗標，事象 A~ 事象 H 設定成【輸入】，測量改成【旗標】，量變數未使用的溫度、彈性指標、濕度設定成【無】，按一下【確定】。

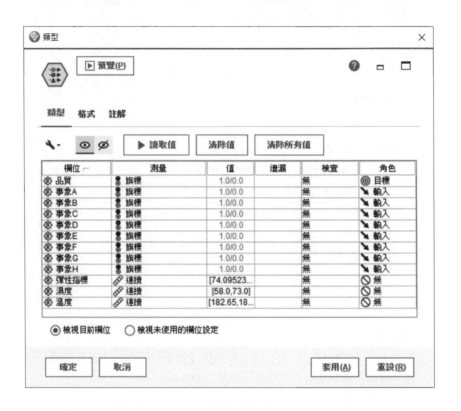

表格節點

Step7：接著將【輸出】選項板上的【表格】節點移到串流領域，與【類型】連接。
右按一下【表格】節點，選擇【執行】。

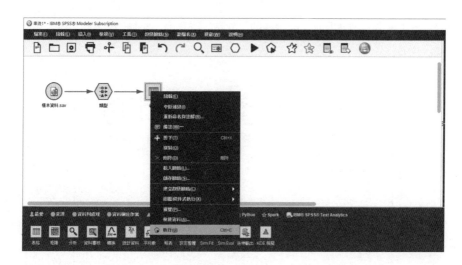

Step8：資料流入串流，於表中顯示所有資料。

	...	事象A	事象B	事象C	事象D	事象E	事象F	事象G	事象H	彈性指標
1	0...	1.000	1.000	1.000	0.000	0.000	0.000	1.000	1.000	74.095
2	0...	1.000	1.000	1.000	1.000	1.000	0.000	1.000	1.000	77.048
3	0...	0.000	1.000	1.000	1.000	0.000	0.000	1.000	1.000	77.429
4	0...	1.000	1.000	1.000	1.000	0.000	0.000	1.000	1.000	82.762
5	0...	0.000	1.000	1.000	0.000	0.000	1.000	1.000	0.000	83.714
6	0...	0.000	1.000	1.000	1.000	0.000	0.000	1.000	0.000	83.810
7	0...	0.000	1.000	1.000	0.000	1.000	0.000	0.000	1.000	85.048
8	0...	0.000	1.000	1.000	0.000	1.000	0.000	1.000	1.000	85.238
9	0...	1.000	1.000	1.000	1.000	1.000	1.000	1.000	0.000	85.429
10	0...	0.000	1.000	1.000	0.000	0.000	0.000	0.000	0.000	86.000
11	0...	1.000	1.000	1.000	1.000	0.000	0.000	1.000	0.000	88.000
12	0...	1.000	1.000	1.000	1.000	1.000	0.000	1.000	1.000	88.381
13	0...	1.000	1.000	1.000	1.000	0.000	0.000	1.000	1.000	88.571
14	0...	1.000	1.000	1.000	1.000	0.000	0.000	1.000	0.000	88.571
15	0...	0.000	1.000	1.000	1.000	0.000	1.000	1.000	0.000	88.762
16	0...	1.000	1.000	1.000	0.000	0.000	0.000	0.000	0.000	88.952
17	0...	1.000	1.000	1.000	1.000	1.000	0.000	1.000	1.000	89.238
18	0...	1.000	1.000	1.000	0.000	0.000	0.000	1.000	0.000	89.333
19	0...	1.000	1.000	1.000	0.000	1.000	0.000	1.000	0.000	89.429
20	0...	1.000	1.000	1.000	0.000	0.000	1.000	1.000	0.000	89.714

表格 (12 個欄位、855 個記錄)

表格　註解

確定

關聯節點

利用以上的步驟，使用所輸入、設定的數據，再利用關聯規則進行分析。此次只對符號值資料（旗標或組型所編碼化者）使用。

Step9：將【建模】選項板的【關聯規則】節點放置在串流領域中，與【類型】連結。

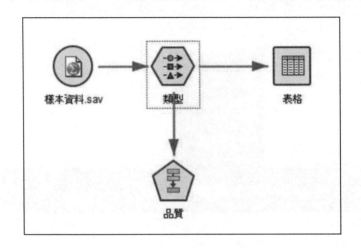

關聯規則的目標是找出資料集中經常共同出現的組合，我們會把這樣的組合稱爲「頻繁樣式集（frequent pattern）」，組合間的關係稱爲「關聯（association）」。

Step10：右按一下【關聯規則】節點，選擇【編輯】。點選【建置選項】，演算法
選擇【Apriori】，【前 N 個的規則準則】選擇信賴度。勾選【啟用規則準
則】，將【信賴度】設為 90，【條件支援】設為 60，【規則支援】設為
60，【提昇】設為 1。

（註）規則建置的演算法有 2 種，一是 Apriori，另一是 FP-growth，因為從功能的角
度上來說，FP-growth 和 Apriori 基本一樣，相當於 Apriori 的效能優化版本。
其實 FP 這兩個字母是 frequent pattern 的縮寫，翻譯過來是頻繁模式，其實也
可以理解成頻繁項，說白了，FP-tree 這棵樹上只會儲存頻繁項的資料，我們
每次挖掘頻繁項集和關聯規則都是基於 FP-tree，這也就過濾了不頻繁的資料。
FP-growth 的精髓是構建一棵 FP-tree，它只會掃描完整的資料集兩次，因此
整體執行的速度顯然會比 Apriori 快得多。之所以能做到這麼快，是因為 FP-
growth 演算法對於資料的挖掘並不是針對全量資料集的，而只針對 FP-tree 上
的資料，因此這樣可以省略掉很大一部分資料，從而節省下許多計算資源。

Step11：點一下【輸出】，勾選信賴度、規則支援、提昇。

Step12：點選【模型選項】，將預測的最大數量改為 3。按執行。

Step13：分析結束時，畫面右上出現顯示結果的節點。右按一下此節點，選擇【瀏覽】。

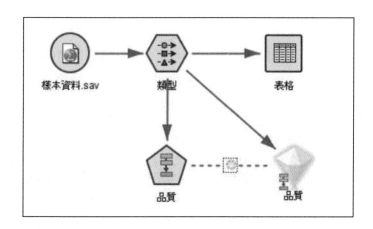

下圖是【信賴度】按高低順序分類。

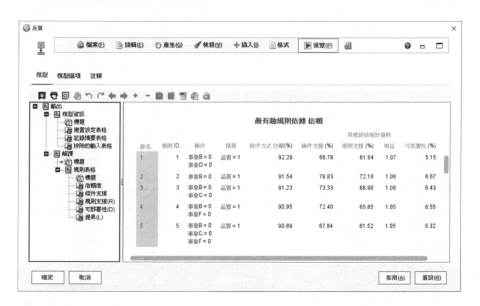

■分析結果的考察

透過關聯規則之分析，可以看出最顯著之結果是 << 如果事象 B 未發生而事象 D 也未發生時，產品正常的機率是 95.48%>>。從中可知事象 B 未發生時，異常是不易發生的。因之控制事象 B 使之不發生。像這樣，利用關聯規則之分析，從各種事象之組合之中，可以發現問題的事象或事象的組合。

8-6 有關品質管理諸工具的構成(3)

2.決策樹分析的一種C5.0

接著,利用決策樹分析的一種 C5.0,探討異常發生的原因。

C5.0 雖然目的變數只能取類別變數,但與只能分岐 2 個的 CART 不同,它是可以分岐成 3 個以上的。

【方法 2】利用 Modeler 探索異常發生規則(C5.0)

Step1:從【資料來源】選項板中的【SPSS 檔案】節點,到【輸出】選項板中的【表格】節點為止,由於是與 Apriori 分析的作業相同,因之可以參照。但在【資料類型】節點的地方,連續變數的溫度、彈性指標、濕度利用 C5.0 也能分析,因之將【角色】的行,從【無】變更為【輸入】。另外,品質、事象 A 到事象 H 改為旗標。

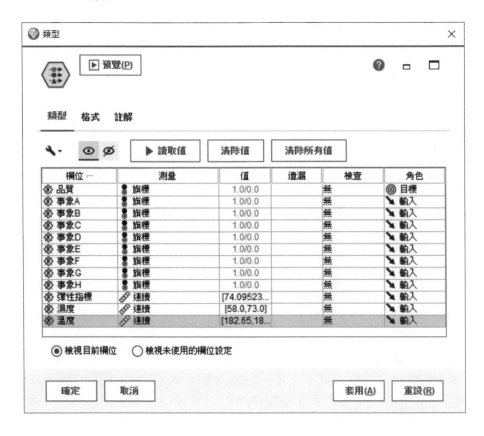

Step2：使用所設定的數據，利用 C5.0 進行分析。將【模型製作】選項板的【C5.0】
節點放置在串流領域，按一下【資料類型】節點，接著，右按一下【C5.0】，
選擇【編輯】。

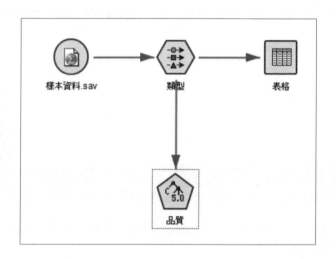

Step3：此處可以設定有關 C5.0 的詳細情形。為了防止太細的枝葉分岐，規則不易了
解，因之如下圖點選【專家】，將【每個子分枝的最小記錄：】從預設的 2
變更為 15，按一下【執行】後進行分析。

Step4：分析順利結束時，畫面右上顯示出 C5.0 所生成的模型。爲了表示結果，右按
一下所產生的模型，選擇【瀏覽】，或快速點兩下所產生的模型區塊。

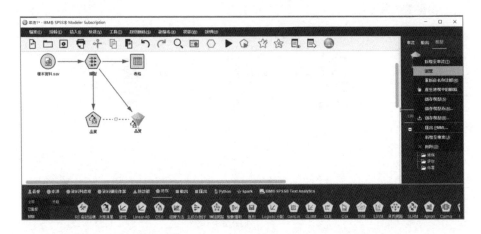

Step5：最初顯示出以下的畫面。可是 Modeler 利用樹形圖可以使結果變得容易理解。
選擇【檢視器】標籤。

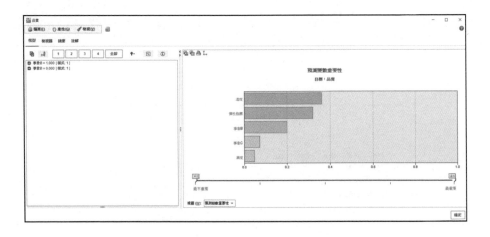

Step6：如以下利用 C5.0 顯示樹形圖，以視覺的方式可以確認分析的結果。

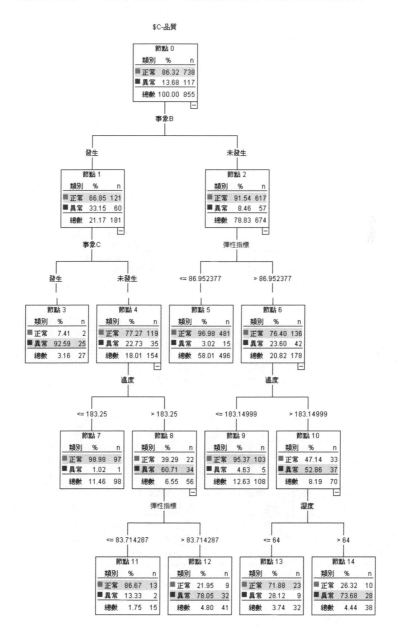

■分析結果的考察

樹木首先以事象 B 是否發生出現分歧。如果事象 B 發生時,異常的機率從全體的 13.7% 上升到 33.15%。另一方面,事象 B 如果未發生,異常的機率減少為 8.46%。

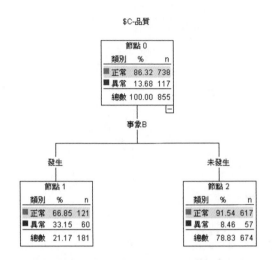

其次,事象 B 發生的話,事象 C 是否發生呢?如果事象 B 未發生時,量變數的彈性指標是多少百分比呢?進行第 2 次的分岐。如果事象 B 加上事象 C 發生時,知此種情況很少而以 92.59% 的機率發生異常。又,如果事象 B 未發生,將彈性指標保持在 86.95% 以下時,異常的發生可以控制在 3% 左右。

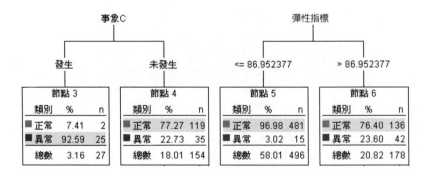

又，第三分岐，首先如追溯至節點 7 時，即使事象 B 發生，溫度如在 183.3 度以下時，異常的發生變得極低，其次如追溯至節點 9 時，即使彈性指標超過 86.95% 時，如溫度在 183.1 度以下時，知可將異常控制在 4.63% 以下。

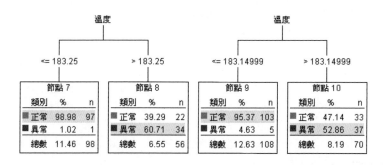

第四分岐，均從異常的機率比較高的節點（節點 8、10）分岐，再尋找異常的比率高的節點。至第 3 分岐為止條件不佳時，彈性指標再超過 83.71 或濕度超過 64 度時，異常的機率變高。

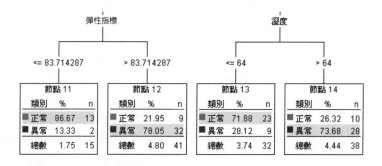

從此種見識來看，可以在 << 不發生事象 B，彈性指標保持在 86.95% 以下，溫度再變成 183 度以下時即為萬全 >> 的製造過程中擬定目標，即有可能大量減少異常。

8-7 有關品質管理諸工具的構成(4)

3. Kohonen網路

■指引出視覺上的分類模型的 Kohonen 網路

本節主要是利用「未有老師作陪」的學習演算方式，就類神經網路模型之一的 Kohonen 網路進行觀察。

Kohonen 網路與第 8 章所見到的「有老師作陪」的類神經網路之不同，是在於不使用輸出變數採取被稱爲非監視學習的學習方法。因之，此手法並非預測結果，而是將一連串的輸入變數的模型使之明確。Kohonen 網路是從多數的單元（unit）開始，隨著學習的進行，單元會形成數據的自然集群。

最後，也利用主成分分析密集大量的變數。

■Kohonen 網路是什麼

Kohonen 網路是依據自我組織化或非監視學習的概念，被用於集群（clustering）的類神經網路。Kohonen 網路並無演算法的預測或爲了持續調整其輸出而被視爲需要的目的欄位（變數）。

Kohonen 網路，一般而言是由神經元的 2 次元的格子所構成。各神經元與各輸入相連接，與其他的類神經網路的情形相同，這些連接每一個都加上比重。各神經元再與其周圍的神經元連接，這些連接同樣也設定比重。

此網路是將列資料（record）對照每一個格子進行學習。列資料的特徵是與格子內最初隨機被設定比重的所有神經元相比較。具有最接近所輸入列資料的特徵之模型的神經元即贏得列資料。利用此人工神經元的比重，可以調整使之較接近於目前贏得之列資料的比重。因之，具有相似特徵的其他列資料被提示給網路時，此相同的節點贏得此新的列資料的可能性即增大。網路由於在其周邊的神經元的比重也進行若干的調整，因之，這些周邊的神經元也吸引顯示有相似輸入的列資料。下頁的圖形是就其關聯方式表示構造的概念圖。

此處，利用此種集群的一種手法即 Kohonen 網路，將資料集群，探索在數據之中是否存在有特徵的子群或是否存在異常容易發生之子群。

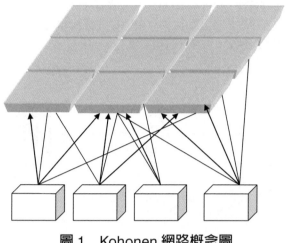

圖 1　Kohonen 網路概念圖

【方法 3】利用 Modeler 進行數據的集群（Kohonen 網路）

Step1： 從【SPSS 檔案】節點到【表格】節點為止的串流製作與前面相同。但在【類型】節點的設定上，連續變數的溫度、彈性指標、濕度也能利用 Kohonen 網路來分析，因之，將【角色】的行，從【無】變更為【輸入】。又，如先前所說明的那樣，Kohonen 網路並無成為輸出的欄位。利用 Kohonen 網路所製作的集群（cluster），為了在日後確認異常的發生容易性有無差異，【品質】欄位的【角色】，設定成【無】。

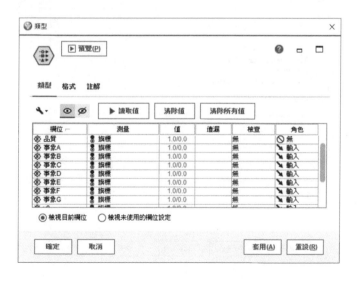

Step2：使用所設定的資料，利用 Kohonen 網路進行分析。將【建模】選項板的
【Kohonen】節點放置在串流領域中，從【資料類型】連結。接著，右按一
下【Kohonen】節點，選擇【編輯】。

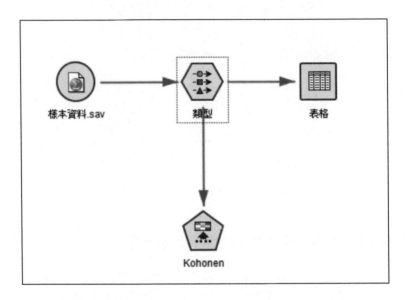

Step3：於預設中，點選【顯示反饋圖】。點選【可重複的分割區指派】種子的數值
照著 123。反饋圖會在網路的學習中顯示，表示網路進行狀態之資訊。

Step4： 又 Kohonen 網路有需要事先設定集群的數目。選擇【專家】標籤，於模型中點選【專家】，將【寬度】設定成 3，【長度】設定成 3，對於其他的設定則依照預設。點選【執行】，即開始學習。

集群的數目，以【寬度 × 長度】。但利用【寬度 × 長度】所表現的集群數目，是表示進行分析之前所準備的格子數，所準備的所有集群不一定要使用。Kohonen 網路為了發現最適集群，有需要以探索的方式變更【寬度】【長度】。

學習結束時，畫面右上，顯示有所產生的【Kohonen 模型】節點。

■ Kohonen 網路的理解

為了加深理解 Kohonen 網路的結果，有需要使用 Modeler 的其他節點調查集群數、集群的輪廓（profile）。

Step5： 首先，使用【統計圖】節點調查集群的數目與各集群的大致列資料數目。將所生成的【Kohonen 模型】節點移到串流領域中，接著，從【統計圖】選項板將【統計圖】節點移到串流領域，從【Kohonen 模型】節點連接，右按一下【統計圖】節點，選擇【編輯】。

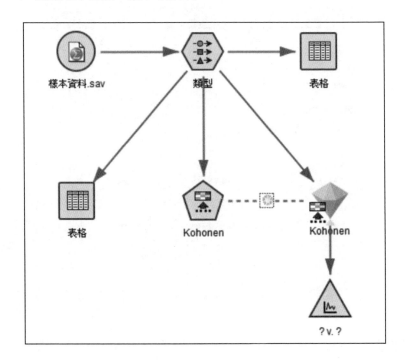

Step6：從一覽表中，於【X 欄位】選擇 $KX-Kohonen，【Y 欄位】選擇 $KY-Kohonen。$KX-Kohonen 對應事前所設定的【寬度】，$KY-Kohonen 對應【長度】。照這樣製作繪圖時，同一座標上即顯示出許多的列資料。此時，讓圖形擴散，列資料就會分散，可以確認集群的大小。

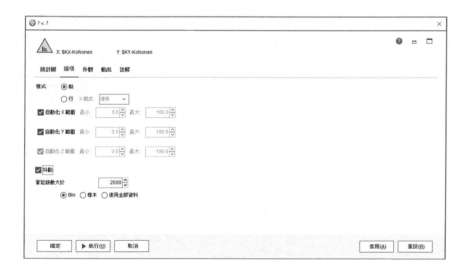

Step7：選擇【選項】標籤，X 與 Y 的【抖動】均設定成大於 2000。按一下【執行】。

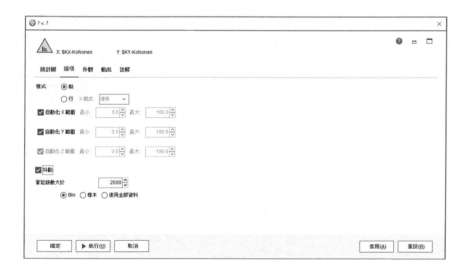

觀察所表示的散布圖，即可了解實際的集群個數（8 個）與各集群所包含的大致列資料數。

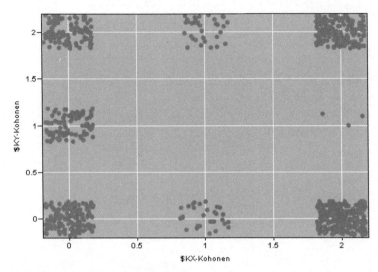

＊因為將同一座標上的許多列資料擴散表示，因此圖形有時不會與上圖完全相同。

並且，想正確了解各集群的列資料數，使用【分布圖】節點。最初，先組合座標，對各集群加上對照號碼。

為了把表示各列資料所包含的集群之新欄位在資料內製作，結合座標製作 2 位數的參照號碼。對於此在【資料欄位處理】節點使用 CLEM 式。

所謂 CLEM 式，是為了以邏輯的方式進行 Modeler 中的數據操作，使用 CLEM（modeler language for expression manipulation）語言之式子。

Step8：將【資料欄作業】選項板的【導出】節點，移到串流領域，從產生的【Kohonen
　　　　模型】節點連接，右按一下【導出】，選擇【編輯】。

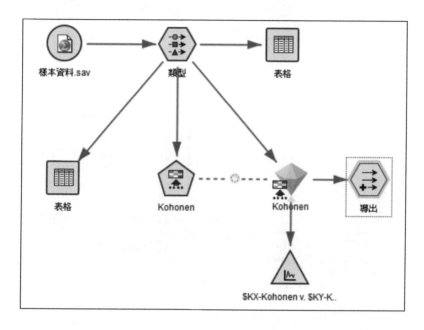

Step9：在下方的【導出】的對話框中按一下 ▦。顯示出使式子的輸入容易的【運
　　　　算式建構器】。

Step10：【運算式建構器】並未直接寫入所需要的欄位與函數，選擇後即可輸入。
【><】記號是意謂前後的文字列的結合。如以下畫面將式子輸入，即可製作結
合 $KX-Kohonen 的座標與 $KY-Kohonen 之座標的欄位。按一下【確定】。

Step11：回到原來的畫面，對所製作的節點命名。此處命名為集群。變更名稱後按一
下【確定】。

Step12：其次將【表格】節點追加到串流領域，從【導出】節點連接。接著執行【表格】節點。

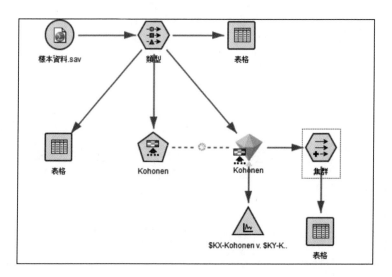

於是數據以表格形式輸出。最後可以確認做出 $KX-Kohonen 與 $KY-Kohonen 所連結之集群的欄位。

	注指標	濕度	溫度	$KX-Kohonen	$KY-Kohonen	$KXY-Kohonen	集群
1	74.095	69...	183.1...	0	2	X=0, Y=2	02
2	77.048	67...	182.8...	0	2	X=0, Y=2	02
3	77.429	68...	183.0...	0	1	X=0, Y=1	01
4	82.762	65...	182.7...	0	2	X=0, Y=2	02
5	83.714	64...	182.6...	2	0	X=2, Y=0	20
6	83.810	68...	182.6...	2	0	X=2, Y=0	20
7	85.048	70...	183.2...	0	0	X=0, Y=0	00
8	85.238	64...	182.6...	0	1	X=0, Y=1	01
9	85.429	66...	183.2...	0	2	X=0, Y=2	02
10	86.000	62...	182.7...	2	0	X=2, Y=0	20
11	88.000	63...	183.2...	0	2	X=0, Y=2	02
12	88.381	69...	183.2...	1	2	X=1, Y=2	12
13	88.571	66...	183.1...	0	2	X=0, Y=2	02
14	88.571	66...	183.2...	0	2	X=0, Y=2	02
15	88.762	63...	183.2...	2	0	X=2, Y=0	20
16	88.952	65...	183.2...	2	0	X=2, Y=0	20
17	89.238	64...	183.2...	1	2	X=1, Y=2	12
18	89.333	67...	183.2...	0	2	X=0, Y=2	02
19	89.429	67...	183.2...	0	2	X=0, Y=2	02
20	89.714	67...	183.0...	1	2	X=1, Y=2	12

Step13：於是以【分配】節點調查集群的列資料數之準備已經就緒。將【分配】節點移到串流領域上，從【導出】節點連接。右按一下【分配】，選擇【編輯】。

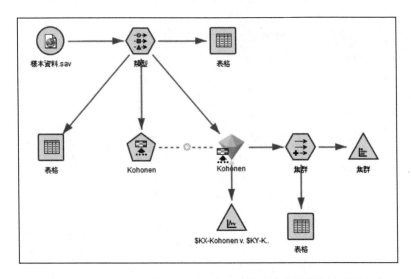

Step14：在設定的畫面的【欄位】中，從一覽表選擇集群欄位後按【執行】。顯示出分布圖的輸出。利用分布圖可以確認各集群的正確列資料數與各集群占全體的比率。

值 /	比例	%	計數
00		17.31	148
01		3.86	33
02		21.99	188
10		10.29	88
12		0.7	6
20		17.54	150
21		2.57	22
22		25.73	220

　　【分配圖】節點中，準備有有用的選項。在【分配圖】節點的編輯畫面上，如設定【併疊】時，以該併疊所選擇的欄位之比率即可觀察各集群有何不同。

Step15：此處在【併疊】選擇 V₁（品質），按【執行】。

執行時顯示如下的輸出。可以確認各集群是如何包含有品質的正常與異常。

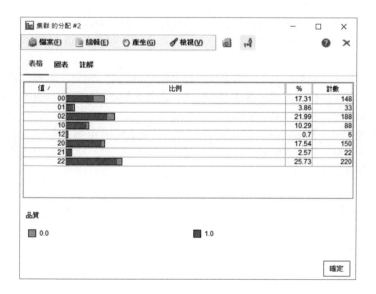

此外，【分配圖】節點準備有【依照顏色正規化】的選項。正規化可以觀察各集群所包含的列資料數當作 100 時，以併疊所選擇的欄位是以多少的比率被包含在內。

Step16：編輯畫面上點選【依照顏色正規化】。顯示出已正規化之輸出。

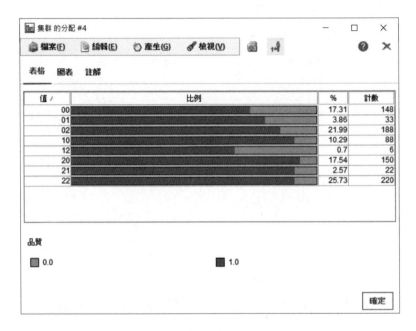

正規化可以更容易了解觀察各集群與併疊所設定之欄位的關係性。異常率在各集群中均不同，特別是集群 21 的異常率最高。另一方面，知集群 00 是異常率最少的集群。

從以上的分析，集群的大小，與品質的關聯性變得明確。可是，各集群是由何種事象或溫度、彈性指標、濕度所構成還不明確。異常多的集群如果無法查明有何種特徵時，防止異常的方法也就無法明確。

查明此種事情，Modeler 的關係圖或 3 次元散布圖是有用的。由此首先使用關聯網，尋找各集群與事象之關聯性。其次，使用 3 次元散布圖，探尋溫度等的量變數與各集群之關聯性。

Step17：從【統計圖】選項板將【Web】關聯網節點移到串流領域上，從集群與所命
名之【導出】節點連接。右按一下【Web】，選擇【編輯】。

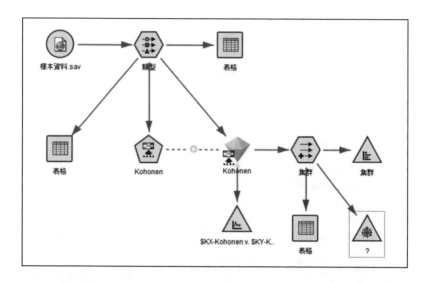

Step18：如下圖點選【導向 Web】與【僅顯示真旗標】，於【結束欄位】選擇【集
群】，於【開始欄位】選擇 V_1（事象 A）～V_9（事象 H）。又【線的值為：】
選擇「至」欄位值的百分比。然後點選【選項】標籤。

Step19：此處可以假定以多粗的線表示有多少關聯性的強度。將【弱連結低於：】設定成 50%，【強連結低於：】設定 70%。設定結束後，按一下【執行】

出現以下畫面。

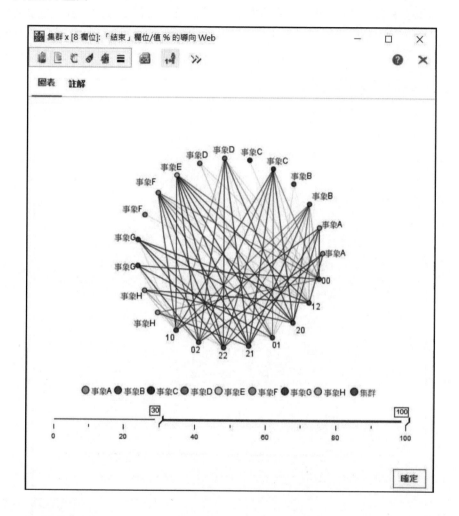

　　圖形上所表示的線如果過多時，就會變得不易看。原因是因為畫面左上顯示線的最小值的【線的值（最小值）】成為 0%，因之試著提高到 30%。並且此處因為對人數多的集群有興趣，因之將集群 00、02、20、22 四個，以及加上異常多的集群 21 一併顯示，使圖形容易看。對於當作隱藏來說，右按一下選擇不需要的地方，從清單選擇【隱藏】。

　整理後以下的圖形即完成。從此種圖形來看，異常的機率最多的集群22，知與A、G二個事象有關。並且，繼之異常機率高，人數也多的集群20與A、B的事象也有關。異常的機率低的集群01、02，從視覺上可以看出分別只與事象G、H有強烈關係。

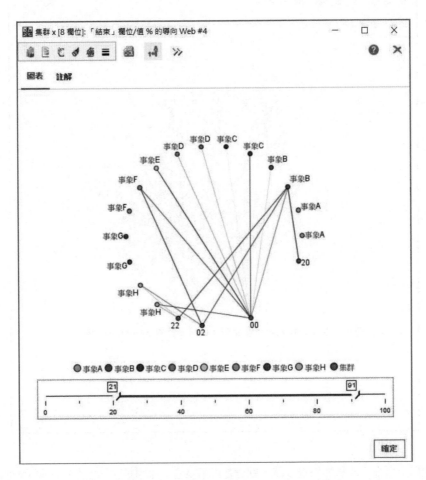

　其次，試以3次元散布圖觀察溫度等的量變數與各集群有何種關係。

Step20：將【統計圖】選項板上的【統計圖】節點移到串流領域中，從【導出】節點
的集群連接。接著右按一下【統計圖】節點，選擇【編輯】。

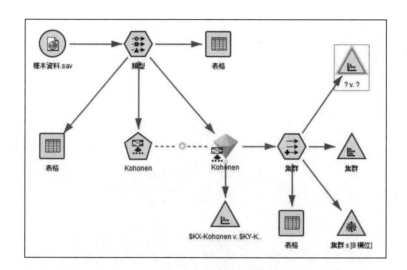

Step21：按一下 $\boxed{\angle}$，將圖形從 2 次元切換成 3 次元。

於【X 欄位】選擇彈性指標
　【Y 欄位】選擇溫度
　【Z 欄位】選擇濕度
　並且以【併疊】的**顏色**：選擇集群，尋找 3 次元與集群之關係。設定結束時，按一
下【執行】。

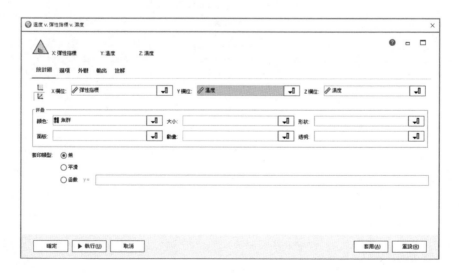

Step22：如此一來，顯示以下的畫面。讓左右或下方的控制棒移動，即可從各種角度
觀察 3 次元散布圖。

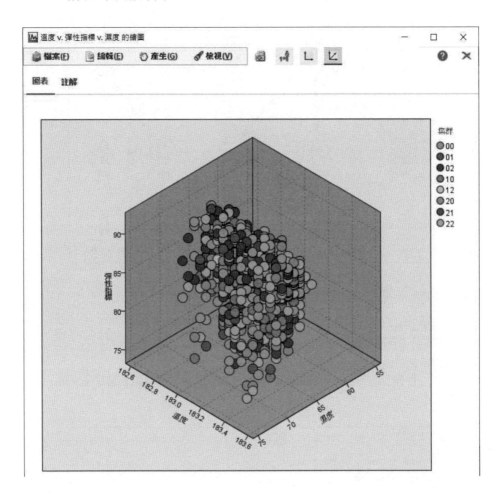

　　一面於區域內按住滑鼠改變角度，橫軸改成彈性指標，縱軸改成濕度時，異常的機率高的集群 21、22 不管在哪一個軸可以確認值大的部分分布多。

　　利用 Kohonen 網路所製作的此次的集群，與受到來自事象 A~H 的情形相同，似乎也受到來自溫度、彈性指標、濕度等量變數的影響。

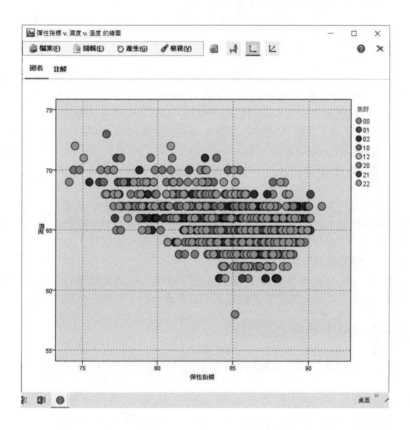

8-8 有關品質管理諸工具的構成(5)

4. 主成分分析

■進行主成分分析的優點與問題點

雖然主成分分析它本身是獨立的分析手法，但此處是當作密集變數的手法來使用。經密集變數後，可以得到以下好處。

(1) 統計性的預測模型如使用相互的相關甚高的輸入變數執行時，結果所得到的係數會有不安定的問題（多重共線性的問題）。譬如，某輸入變數可以利用其他輸入變數的線性組合完全加以預測時，這些的統計性預測模型其估計即會失敗。使用主成分分析，事先將數據整理好，可以降低發生此種問題的可能性。

(2) 另一個好處是，使概念明確且單純，容易解釋結果。譬如，集群分析基於 40 個變數進行時，觀察或理解顯示各集群之平均的巨大表格或線形圖是極爲困難的。如能利用主成分分析好好將變數密集成 5、6 個時，集群分析的結果其解釋即變容易。

另一方面，進行主成分分析時有 2 個問題。一者是主成分要有幾個，另一個是這些主成分是表示什麼。爲了解釋主成分，與原先的變數的主成分有關聯的負荷量此係數非常重要。這些可提供哪一個主成分與哪一個變數有強烈的關係？換言之，可提供主成分是表示什麼的資訊。

主成分分析 .sav 是由彈性指標 1~ 彈性指標 100 的 100 個變數所形成。觀察值個數有 112 個，如能從此大量的變數去抽出適切的主成分時，有助於以後的分析。

【方法 4】利用 Modeler 的主成分分析

Step1：從【Statistics 檔案】節點到【表格】節點的串流製作與以前相同。

Step2：右按一下【檔案類型】節點，選擇【編輯】。此處是利用主成分分析密集變
數的個數作為目的，因之在【類型】的設定畫面上，將彈性指標 1（v1）～彈
性指標 100（v100）的所有的【角色】變成【輸入】，按一下【確定】。

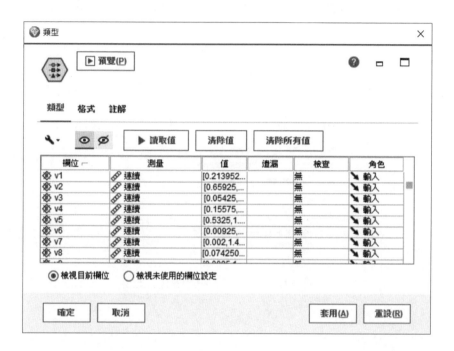

Step3：其將【塑模】選項板中的【主成分 / 因子分析】節點追加到串流中。連接【資
料類型】節點選擇【主成分 / 因子分析】節點，右按一下【主成分 / 因子分析】
節點，選擇【編輯】。

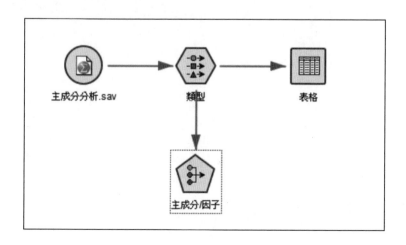

Step4：於【主成分 / 因子分析】節點的設定畫面，按一下【專家】標籤。【模式】
是點選【專家】。【成分 / 因子矩陣形式：】是為了容易觀察輸出結果，點
選【排序值】。成分矩陣是按值的大小順序分類顯示。又，將【隱藏值低於】
先設定成 0.3。設定下限後，低於以下的值不被顯示，表格即變得容易看。按
【執行】時，即開始分析。

Step5：畫面右上所生成的【主成分／因子】節點有所顯示。為了觀察結果，右按一下【主成分／因子】節點，選擇【瀏覽】。顯示出下方的畫面。選擇【進階】標籤時，即顯示較容易了解的結果。接著選擇【進階】標籤。

■**分析結果的考察**

此詳細畫面中輸出有 3 個表。首先，最初的表是有關共通性，這表示的是被因子說明的輸入變數之變異數比率。

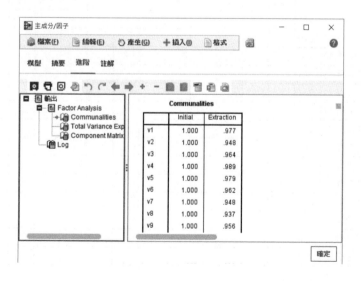

第 2 個表是有關所說明的變異數的合計。此處，只有成分 1，可以說明整體的變異數大約 57%。又，觀察至成分 8 時，全體的變異數大約 90% 是可以說明的。

最後的表，是有關成分矩陣。可以知道各變數利用哪一個成分可說明多少的程度。由下表知，彈性指標 30 與彈性指標 56，主要是與成分 1 與成分 2 有關係，極為相似。

成分矩陣 (a)

	成分											
	1	2	3	4	5	5	6	7	8	9	10	11	12
彈性指標 30	.947	.300											
彈性指標 56	.946	.305											
彈性指標 39	.946												
彈性指標 65	.945												
彈性指標 87	.944												
彈性指標 61	.942												
彈性指標 59	.942												
彈性指標 85	.941												
彈性指標 91	.939												
彈性指標 82	.939	.302											
彈性指標 13	.939												
彈性指標 67	.939												
彈性指標 33	.938												
彈性指標 4	.937	.315											

　　再看下面的表時，彈性指標 21、彈性指標 47、彈性指標 73、彈性指標 79 主要是由成分 4 與成分 7 所構成，知極為近似。

彈性指標 21				-.638			.497	
彈性指標 47			-.635			.500		
彈性指標 73			-.632			.505		
彈性指標 99			-.626			.512		

　　本節，嘗試使用主成分分析，從大量的變數所形成的資料來密集變數。結果，對於此資料來說，利用主成分有效果地密集變數所具有的變異是可能的，將原本的變數 100 個的變異以主成分 8 個可以說明 90% 以上。像這樣密集變數之後，再利用迴歸分析等建立模型即可有效果地進行。

8-9 有關品質管理諸工具的構成(6)

有所謂「物以類聚」之說，但是在資料處理的世界裡，如果沒有人為的處理，性質相同的資料還是不會類聚。我們總要把類似的資料儘量排在一起，才能找到共同的端倪，而「集群分析」正是一種精簡資料的方法，依據樣本之間的共同屬性，將比較相似的樣本聚集在一起形成集群（cluster）。

集群分析能將 N 個樣本，集結成 M 個群體的統計方法，其中 M<=N。如果所有樣本最後被分為一組，代表這一組裡的成員彼此相對不可區分。

目前，集群分析技術主要有兩大類：階層式分群（hierarchical clustering）和切割式分群（partitional clustering）。階層式分群（hierarchical clustering）不用指定分群數量，演算法會直接根據樣本之間的距離，將距離最近的集結在一群，直到所有樣本都併入到同一個集群之中。階層式分群的結果，可透過樹狀圖來呈現。切割式分群（partitional clustering）則會事先指定分群數量，並透過演算法（如 K-means）讓組內同質性和組間異質性最大化。此處仍以原數據檔名稱改為【集群分析】的數據檔，利用 Modeler 來說明 K-means 集群的方法。

以下說明使用集群分析的步驟。

Step1：從【Statistics 檔案】節點到【類型】節點的串流製作是與以前相同。

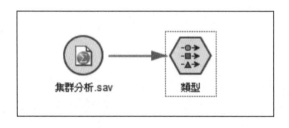

Step2：右按一下【類型】節點，選擇【編輯】。因之在【類型】的設定畫面上，將彈性指標 1（v1）～彈性指標 100（v100）的所有的【角色】變成【輸入】，按一下【確定】。

Step3：連結【建模】的【K-Means】節點，建立集群模型。點選【模型】，取消【使用分割的資料】的勾選，設定叢集數目為 5，以及勾選【產生距離欄位】。

Step4：點選【執行】後，即可產生如下的 K-Means 模型金塊。

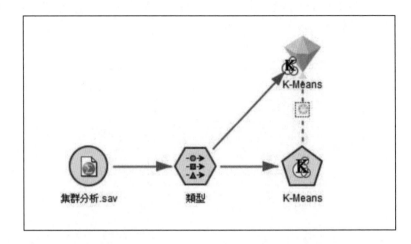

Step5：可以看出集群數目為 5 的叢集品質約為 0.3，此即為側影係數的數值。

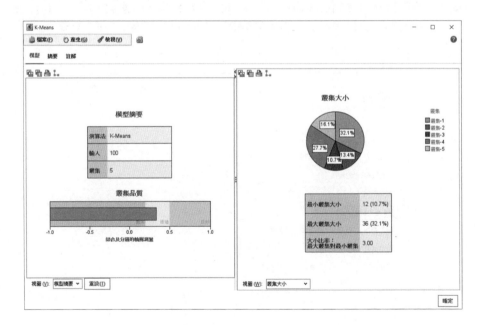

Step6：點選左下方【視圖】的【叢集】即可看見每一叢集的欄位資料，點選右下方【視圖】中的【預測變數重要性】。

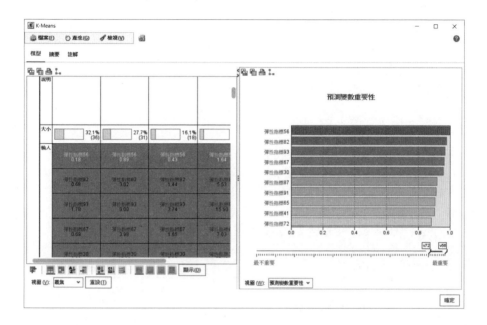

Step7：對於集群分析來說，群數的決定並非易事，Modeler 提供【自動叢集】節點。按一下【編輯】。

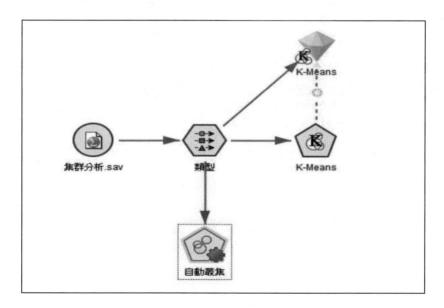

Step8：欄位及模型如預設。

Step9：在【專家】的選項中，可以設定模式的相關細節。於【模型類型】K 平均值
的【模式參數】中點選【指定】即進入【演算法設定 -K 平均值】。

Step10：【叢集數目】依序設為 2～10，並在事後比較集群的側影係數。

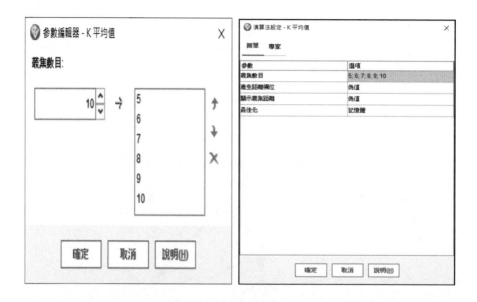

Step11：接著，設定【產生距離欄位】為【眞值】，【顯示叢集距離】為【眞值】。
按【確定】後回到原畫面。

Step12：點選【執行】，產生【自動叢集】模型。

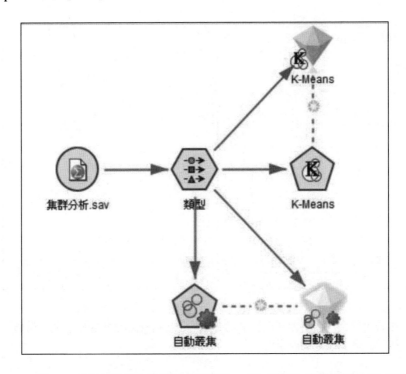

Step13：按一下【自動叢集】模型的【瀏覽】，即可檢視不同叢集數目的模型。從下圖中可看出叢集數目為 2 的模型，側影係數為 0.491，最為理想。

要使用欄...	圖表	模型	建立時間(分)	Silhouette	數目(叢集)	最小叢集 (N)	最小叢集 (%)	最大叢集 (N)	最大叢集 (%)	最小V最大	重要性
☑		K 平均...	< 1	0.491	2	44	39	68	60	0.647	0.0
☐		TwoSt...	< 1	0.482	2	52	46	60	53	0.867	0.0
☐		K 平均...	< 1	0.417	3	19	16	51	45	0.373	0.0
☐		K 平均...	< 1	0.376	10	1	0	26	23	0.038	0.0
☐		K 平均...	< 1	0.367	9	2	1	25	22	0.08	0.0

參考文獻

1. 應用程式範例：https://www.ibm.com/support/knowledgecenter/zh-tw/SS3RA7_sub/modeler_tutorial_ddita/clementine/entities/examples_intro.html.
2. CRISP-DM: 10 Step by Step Data Mining Guide CRISP-DM Consortium, SPSS Inc, 2000.
3. 內田治，《例解資料探勘》，日本經濟新聞社，2002。
4. 內田治，《利用 SPSS 意見調查的對應分析》，東京圖書出版公司，2006。
5. 西牧洋一郎，《實踐 IBM SPSS Modeler》，東京圖書，2017。
6. 豐田秀樹，《資料探勘入門》，東京圖書出版公司，2008。
7. 豐田秀樹，《挖掘金礦的統計學─Data mining 入門》，講談社，2001。
8. 若狹直道，《圖解入門資料探勘的基礎與架構》，秀和系統，2019。
9. 大瀧原、堀江宥治，《應用 2 進樹解析法─CART》，日科技連出版社，1998。

國家圖書館出版品預行編目資料

圖解資料探勘法／陳耀茂著. ――初版.――
　臺北市：五南圖書出版股份有限公司，
　2021.10
　面；　公分
　ISBN 978-626-317-131-2（平裝）

1.資料探勘

312.74　　　　　　　　　110014075

5R35

圖解資料探勘法

作　　　者 ― 陳耀茂（270）

發 行 人 ― 楊榮川

總 經 理 ― 楊士清

總 編 輯 ― 楊秀麗

副總編輯 ― 王正華

責任編輯 ― 張維文

封面設計 ― 王麗娟

出 版 者 ― 五南圖書出版股份有限公司

地　　　址：106台北市大安區和平東路二段339號4樓

電　　　話：(02)2705-5066　　傳　　真：(02)2706-6100

網　　　址：https://www.wunan.com.tw

電子郵件：wunan@wunan.com.tw

劃撥帳號：01068953

戶　　　名：五南圖書出版股份有限公司

法律顧問　林勝安律師事務所　林勝安律師

出版日期　2021年10月初版一刷

定　　　價　新臺幣400元

經典永恆·名著常在

五十週年的獻禮——經典名著文庫

五南，五十年了，半個世紀，人生旅程的一大半，走過來了。

思索著，邁向百年的未來歷程，能為知識界、文化學術界作些什麼？

在速食文化的生態下，有什麼值得讓人雋永品味的？

歷代經典·當今名著，經過時間的洗禮，千錘百鍊，流傳至今，光芒耀人；

不僅使我們能領悟前人的智慧，同時也增深加廣我們思考的深度與視野。

我們決心投入巨資，有計畫的系統梳選，成立「經典名著文庫」，

希望收入古今中外思想性的、充滿睿智與獨見的經典、名著。

這是一項理想性的、永續性的巨大出版工程。

不在意讀者的眾寡，只考慮它的學術價值，力求完整展現先哲思想的軌跡；

為知識界開啟一片智慧之窗，營造一座百花綻放的世界文明公園，

任君遨遊、取菁吸蜜、嘉惠學子！